essentials

essentials liefern aktuelles Wissen in konzentrierter Form. Die Essenz dessen, worauf es als „State-of-the-Art" in der gegenwärtigen Fachdiskussion oder in der Praxis ankommt. *essentials* informieren schnell, unkompliziert und verständlich

- als Einführung in ein aktuelles Thema aus Ihrem Fachgebiet
- als Einstieg in ein für Sie noch unbekanntes Themenfeld
- als Einblick, um zum Thema mitreden zu können

Die Bücher in elektronischer und gedruckter Form bringen das Expertenwissen von Springer-Fachautoren kompakt zur Darstellung. Sie sind besonders für die Nutzung als eBook auf Tablet-PCs, eBook-Readern und Smartphones geeignet. *essentials:* Wissensbausteine aus den Wirtschafts-, Sozial- und Geisteswissenschaften, aus Technik und Naturwissenschaften sowie aus Medizin, Psychologie und Gesundheitsberufen. Von renommierten Autoren aller Springer-Verlagsmarken.

Weitere Bände in der Reihe http://www.springer.com/series/13088

Thomas Bindel · Dieter Hofmann

EMSR-Stellenplan

Symbolik und Übergang von DIN 40719-2 zu DIN EN 81346-2

Thomas Bindel
Fakultät Elektrotechnik, Hochschule für Technik und Wirtschaft Dresden
Dresden, Deutschland

Dieter Hofmann
Fakultät Elektrotechnik und Informationstechnik, Institut für Automatisierungstechnik
Technische Universität Dresden
Dresden, Deutschland

ISSN 2197-6708 ISSN 2197-6716 (electronic)
essentials
ISBN 978-3-658-21731-0 ISBN 978-3-658-21732-7 (eBook)
https://doi.org/10.1007/978-3-658-21732-7

Die Deutsche Nationalbibliothek verzeichnet diese Publikation in der Deutschen Nationalbibliografie; detaillierte bibliografische Daten sind im Internet über http://dnb.d-nb.de abrufbar.

Springer Vieweg

Gedruckt auf säurefreiem und chlorfrei gebleichtem Papier

Springer Vieweg ist ein Imprint der eingetragenen Gesellschaft Springer Fachmedien Wiesbaden GmbH und ist ein Teil von Springer Nature
Die Anschrift der Gesellschaft ist: Abraham-Lincoln-Str. 46, 65189 Wiesbaden, Germany

Was Sie in diesem *essential* finden können

- Einführung in das Basisdenken zur Projektierung von Automatisierungsanlagen für die Prozessautomatisierung
- Bedeutung, Aufbau und Anwendung von EMSR-Stellenplänen nach DIN 19227-2/DIN 40719-2 einschließlich Beispielen
- Anschauliche Darstellung der zugehörigen Referenzkennzeichnung nach DIN 40719-2 bzw. DIN EN 81346-2 einschließlich vergleichender Beispiele

Vorwort

Das Fachgebiet der Prozessautomatisierung umfasst zahlreiche komplexe sowie anspruchsvolle und vielschichtige Inhalte, deren Bearbeitung im Rahmen eines Automatisierungsprojektes hohe Anforderungen an die ausführenden Projektanten stellt.

Mit vorliegendem *essential* stellen die Autoren daher eine effiziente und anschauliche Basis für die Erarbeitung von EMSR- bzw. PCE-Stellenplänen als wichtige Projektierungsunterlagen bei der Projektierung von Automatisierungsanlagen bereit. Es soll insbesondere Studierende einschlägiger Studienrichtungen an Fachhochschulen und Technischen Universitäten, aber auch in der Praxis tätige Projektanten wirkungsvoll unterstützen. Dem Charakter eines *essentials* folgend, haben sich die Autoren bemüht, die wesentlichen Inhalte kompakt und zugleich streng fachspezifisch darzustellen.

Für weiterführende Betrachtungen zur Prozessautomatisierung und damit auch zur Projektierung von Automatisierungsanlagen empfehlen die Autoren, auch auf [1, 2] zurückzugreifen (gleichfalls im Springer Vieweg Verlag erschienen).

Wird aus DIN-Normen zitiert, so erfolgt die Wiedergabe mit Erlaubnis des DIN Deutsches Institut für Normung e. V. Maßgebend für das Anwenden der DIN-Norm ist deren Fassung mit dem neuesten Ausgabedatum, die bei der Beuth Verlag GmbH, Burggrafenstraße 6, 10787 Berlin, erhältlich ist.

Die Autoren danken allen Kolleginnen und Kollegen sowie Studierenden, die das Zustandekommen des vorliegenden *essentials* durch zahlreiche Diskussionen und wertvolle Hinweise tatkräftig unterstützt haben. Unser besonderer Dank gilt dem Springer Vieweg Verlag für die stets konstruktive Zusammenarbeit.

Leipzig — Thomas Bindel
Dresden — Dieter Hofmann

Inhaltsverzeichnis

1 Einführung

1.1 Allgemeiner Ablauf von Automatisierungsprojekten in der Prozessautomatisierung

In der Prozessautomatisierung ist ein im Wesentlichen aus drei nacheinander abzuarbeitenden Phasen bestehender Projektablauf zu erkennen:

- Akquisitionsphase (Abb. 1.1),
- Abwicklungsphase (Abb. 1.2) und
- Servicephase (Abb. 1.3).

In der Akquisitionsphase soll sich die Projektierungsfirma (Anbieter) beim Kunden[1] darum bemühen, den Zuschlag für den Auftrag zu erhalten. Abb. 1.1 veranschaulicht diesen Sachverhalt und zeigt, wie Projektierungsingenieure in die Projektakquisition eingebunden sind.

Die Abwicklungsphase (Abb. 1.2) erfordert das exakte Zusammenspiel zwischen den für Vertrieb sowie Abwicklung verantwortlichen Bearbeitern (z. B. Vertriebsingenieure, Projektierungsingenieure, Kaufleute des Anbieters) und die erfolgreiche Lösung zugeordneter Aufgaben. Fertigung, Factory-Acceptance-Test (Werksabnahme), Montage und Inbetriebsetzung sowie Site-Acceptance-Test (Probebetrieb/Abnahme) werden während der Abwicklungsphase in der Umsetzung (vgl. Abb. 1.2) durchlaufen.

[1]In der Akquisitionsphase werden die beteiligten Partner Kunde (potentieller Auftraggeber) bzw. Anbieter (potentieller Auftragnehmer) genannt, die nach Auftragsvergabe zu Auftraggeber bzw. Auftragnehmer werden.

T. Bindel und D. Hofmann, *EMSR-Stellenplan,* essentials,
https://doi.org/10.1007/978-3-658-21732-7_1

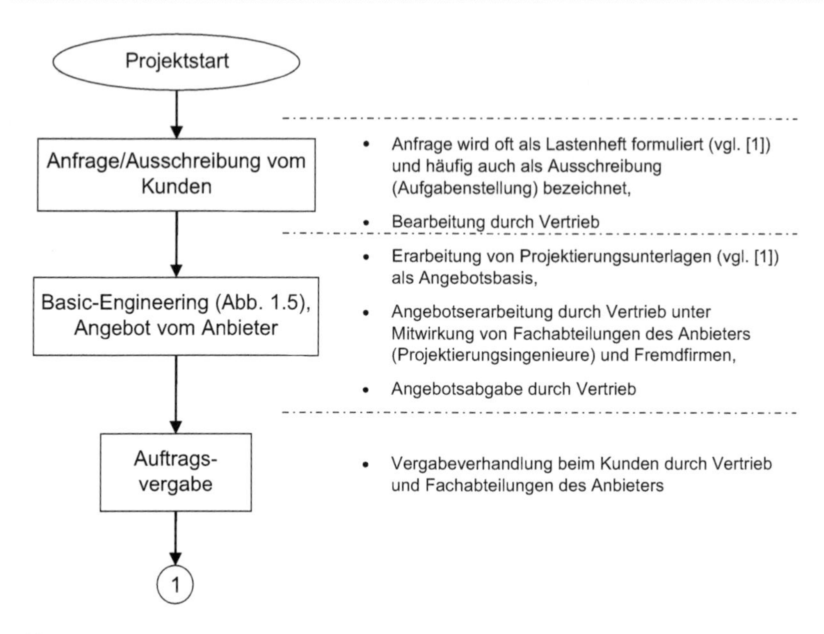

Abb. 1.1 Akquisitionsphase

Abb. 1.1 bzw. Abb. 1.2 zeigen also, dass sich wesentliche Projektierungsleistungen jeweils auf Akquisitions- bzw. Abwicklungsphase verteilen. Das erscheint zunächst ungewöhnlich, erklärt sich aber aus der Tatsache, dass ein bestimmter Teil der Projektierungsleistungen bereits in der Akquisitionsphase zu erbringen ist. Wesentliche Grundlage ist dabei das R&I-Fließschema nach DIN EN 10628/DIN 19227-2 bzw. R&I-Fließbild nach DIN EN 10628/DIN EN 62424 (vgl. [1, 2]), das entweder vom Kunden bereits vorgegeben ist oder anhand des Verfahrensfließschemas (vgl. [1, 2]) vom Anbieter, d. h. von den Projektierungsingenieuren, zu erarbeiten ist. Aus dem R&I-Fließschema lassen sich gleichzeitig die erforderlichen Automatisierungsstrukturen (z. B. Ablauf- oder Verknüpfungssteuerung, einschleifiger Regelkreis, Kaskaden-, Split-Range-, Mehrgrößenregelung etc.) ableiten und in allgemeinen Funktionsplänen[2] dokumentieren.

[2]Oft auch als Regelschema bezeichnet und nicht zu verwechseln mit der zur Konfiguration und Parametrierung von speicherprogrammierbaren Steuerungen (SPS) häufig verwendeten Fachsprache „Funktionsplan (FUP)“ (vgl. z. B. [1])!

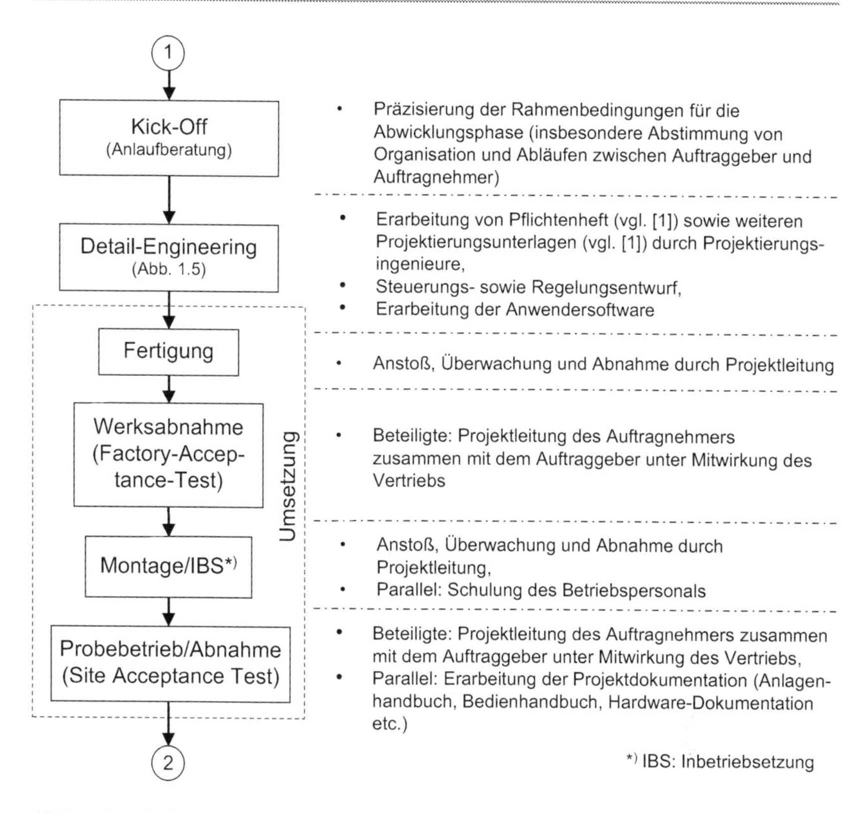

Abb. 1.2 Abwicklungsphase

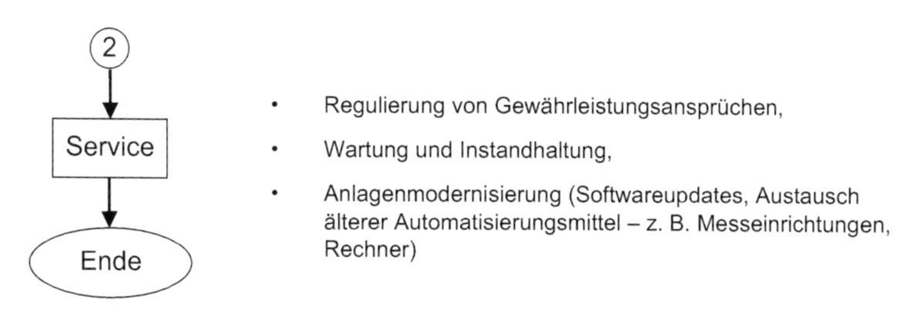

Abb. 1.3 Servicephase

Schließlich werden in der Servicephase (Abb. 1.3) die zum erfolgreichen Dauerbetrieb wesentlichen Wartungs- und Instandhaltungsleistungen für die errichtete Automatisierungsanlage definiert und erbracht.

Zusammenfassend ist festzustellen, dass der Ablauf eines Automatisierungsprojekts umfangreiche Aktivitäten zu Akquisition, sich anschließender Abwicklung sowie Service umfasst. Der Auftragnehmer wird folglich mit einer komplexen Planungs- und Koordinierungsaufgabe konfrontiert (Abb. 1.4), die er sowohl funktionell als auch ökonomisch erfolgreich lösen muss.

Aus den bisherigen Erläuterungen ist erkennbar, dass unter dem Begriff „Projektierung" die Gesamtheit aller Entwurfs-, Planungs- und Koordinierungsmaßnahmen zu verstehen ist, mit denen die Umsetzung eines Automatisierungsprojekts vorbereitet wird (vgl. Abb. 1.2). Dies umfasst alle diesbezüglichen Ingenieurtätigkeiten (vgl. Abb. 1.5) für die hier betrachtete Prozessautomatisierung.

Die weiteren Ausführungen beziehen sich vorrangig auf das in Akquisitions- bzw. Abwicklungsphase zu erbringende Basic- bzw. Detail-Engineering (vgl. [1]), weil darin Hauptbetätigungsfelder für Projektierungsingenieure liegen. Wie Abb. 1.1 und 1.2 zeigen, bilden Basic- sowie Detail-Engineering den Kern des Projektierungsablaufs und werden deshalb unter dem Begriff „Kernprojektierung"

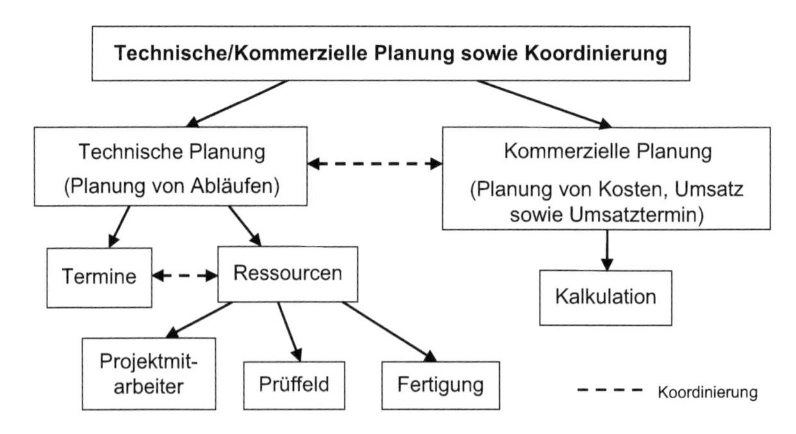

Abb. 1.4 Technische/kommerzielle Planung sowie Koordinierung

Kernprojektierung

Basic-Engineering (vgl. [1])

- Erarbeitung R&I-Fließschema (-bild),
- Auswahl und Dimensionierung von Sensorik, Aktorik, Prozessorik, Bussystemen sowie Bedien- und Beobachtungseinrichtungen,
- Erarbeitung des leittechnischen Mengengerüsts,
- Erarbeitung von Projektierungsunterlagen als Angebotsbasis,
- Angebotserarbeitung einschließlich technischer bzw. kommerzieller Planung sowie Koordinierung

Detail-Engineering (vgl. [1])

- Erarbeitung des Pflichtenheftes,
- ***Erarbeitung von EMSR- bzw. PCE-Stellenplänen*** und weiteren Projektierungsunterlagen als Basis der Anlagenerrichtung,
- Steuerungs- sowie Regelungsentwurf,
- Erarbeitung der Anwendersoftware

Kernprojektierungsumfang

Abb. 1.5 Kernprojektierungsumfang mit zugeordneten Ingenieurtätigkeiten

zusammengefasst. Abb. 1.5 zeigt den Kernprojektierungsumfang und nennt gleichzeitig diejenigen Ingenieurtätigkeiten, welche der Projektierungsingenieur bei der Kernprojektierung ausführt. Vorn-an steht dabei die Erarbeitung des R&I-Fließschemas bzw. -bildes (vgl. Abb. 1.5).[3]

Überlegungen zum Entwurf von Prozesssicherungsstrukturen beeinflussen sowie erweitern die Tätigkeiten der Kernprojektierung und sind an verschiedenen Stellen innerhalb des Basic- sowie Detailengineerings anzustellen. Hinsichtlich Prozesssicherung wird – da nicht Gegenstand des vorliegenden *essentials* – auf z. B. [1] verwiesen.

[3]Das R&I-Fließschema wurde bis Juli 2012 nach DIN EN 10628 [3]/DIN 19227-1 [4] erarbeitet. DIN 19227-1 wurde 2012 zurückgezogen und durch DIN EN 62424 [5] ersetzt, worin das R&I-Fließschema als R&I-Fließbild bezeichnet wird.

1.2 Allgemeiner Aufbau einer Automatisierungsanlage

Die Erarbeitung von EMSR- bzw. PCE-Stellenplänen[4] kann nicht losgelöst vom allgemeinen Aufbau einer Automatisierungsanlage betrachtet werden. Daher sind einführende Erläuterungen unerlässlich – bezüglich detaillierter Erläuterungen wird auf [1] verwiesen.

Prinzipiell sind Automatisierungsanlagen nach dem Ebenenmodell (Abb. 1.6) aufgebaut, das sich in den vergangenen Jahrzehnten als allgemeiner Standard für den Aufbau von Automatisierungsanlagen herausgebildet hat. Dies macht einerseits das Gebiet „Prozessleittechnik" (vgl. Abb. 1.6) überschaubarer und trägt andererseits dazu bei, Tätigkeiten der Instrumentierung[5] effizienter zu gestalten.

Aus dem Ebenenmodell lassen sich die in Abb. 1.7 dargestellten allgemeinen Aufbauvarianten ableiten, die für Automatisierungsanlagen der Prozessautomatisierung typisch sind.

[4]Der Begriff „PCE-Stellenplan" wird auf S. 13 erläutert!

[5]Zur Definition des Begriffs „Instrumentierung" vgl. [1]!

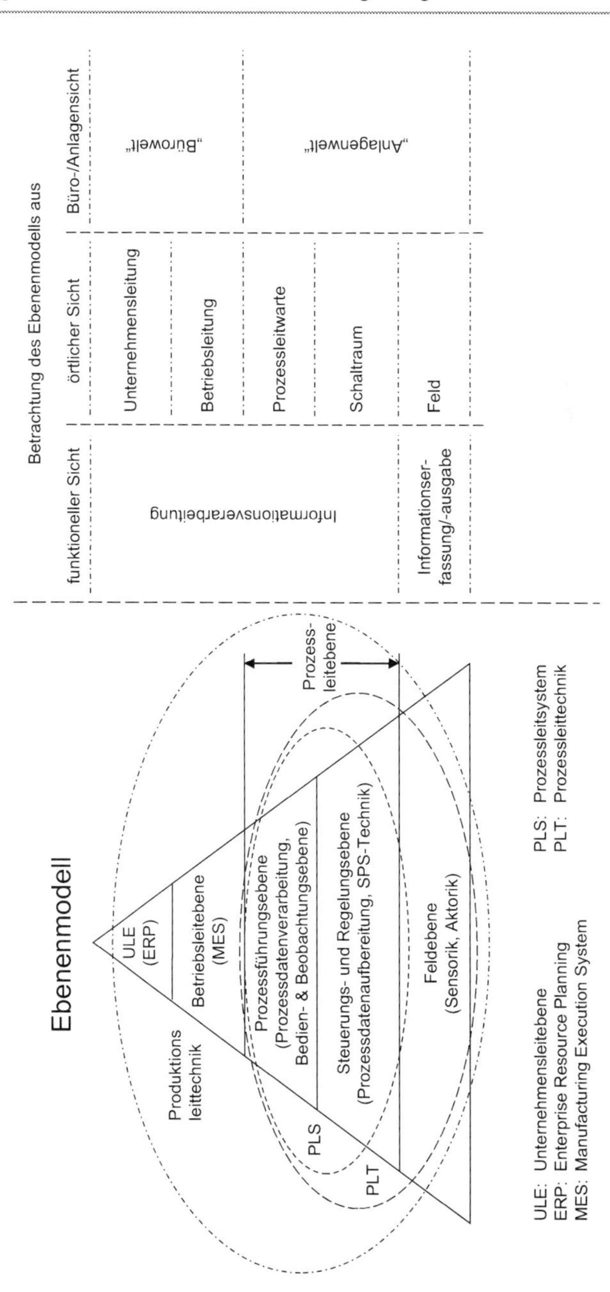

Abb. 1.6 Ebenenmodell für den Aufbau von Automatisierungsanlagen

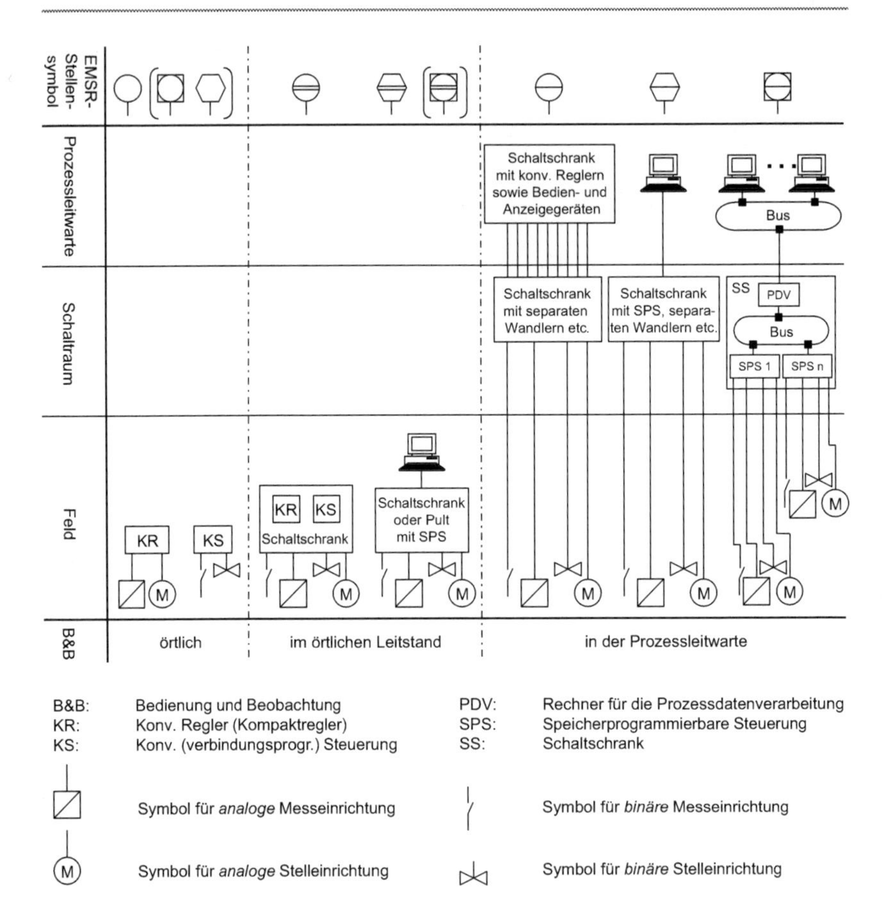

Abb. 1.7 Typische Varianten für den Aufbau von Automatisierungsanlagen in der Prozessautomatisierung

Einbindung von Stromlaufplänen in der Kernprojektierung

2

Ausgehend vom im Abschn. 1.1 erläuterten Projektablauf sowie Kernprojektierungsumfang (Abb. 1.5) hat sich in der Projektierungspraxis als Orientierung die in Abb. 2.1 dargestellte Einordnung der Kernprojektierung in den Projektablauf bewährt. Diese Einordnung setzt voraus, dass als erstes die Projektanforderungen in einem sogenannten Lastenheft (vgl. [1, 6]), in der Projektierungspraxis auch als Ausschreibung bekannt, zusammengestellt wurden, wobei im Allgemeinen nach Abb. 2.1 gleichzeitig das Verfahrensfließschema vom Kunden mit übergeben wird. Das Verfahrensfließschema wiederum bildet die Basis für das anschließend zu erarbeitende R&I-Fließschema/R&I-Fließbild[1], welches nach Abb. 2.1 dem Kunden zusammen mit der Kalkulation als Bestandteil des Angebotes übergeben wird.[2] Das Verfahrensfließschema dokumentiert die erforderliche Prozesstechnologie einer Produktionsanlage, welche zum Beispiel durch Behälter, Pumpen, Kolonnen, Armaturen etc. realisiert wird, die mittels normgerechter grafischer Symbole nach DIN EN ISO 10628 [3] dargestellt werden. Wie bereits erläutert, soll es vom Kunden als Bestandteil der Ausschreibung mit übergeben werden.[3] Abb. 2.2 zeigt ein Verfahrensfließschema, das an Hand eines Reaktors mit Temperaturregelstrecke als Beispiel für einen überschaubaren verfahrenstechnischen

---

[1]Hinweis in Fußnote 3 im Kap. 1 beachten!

[2]Weitere Ingenieurtätigkeiten von Basic-Engineering (z. B. Erarbeitung des leittechnischen Mengengerüsts sowie von Projektierungsunterlagen und Angebot), Detail-Engineering, Projektierung der Hilfsenergieversorgung sowie Montageprojektierung werden ausführlich in [1] erläutert.

[3]Häufig wird diese Aufgabe auch vom Kunden an Unternehmen (z. B. Ingenieurbüros) übertragen, die in seinem Auftrag Ausschreibung, Vergabe, Projektplanung, -steuerung und -überwachung übernehmen.

T. Bindel und D. Hofmann, *EMSR-Stellenplan*, essentials,
https://doi.org/10.1007/978-3-658-21732-7_2

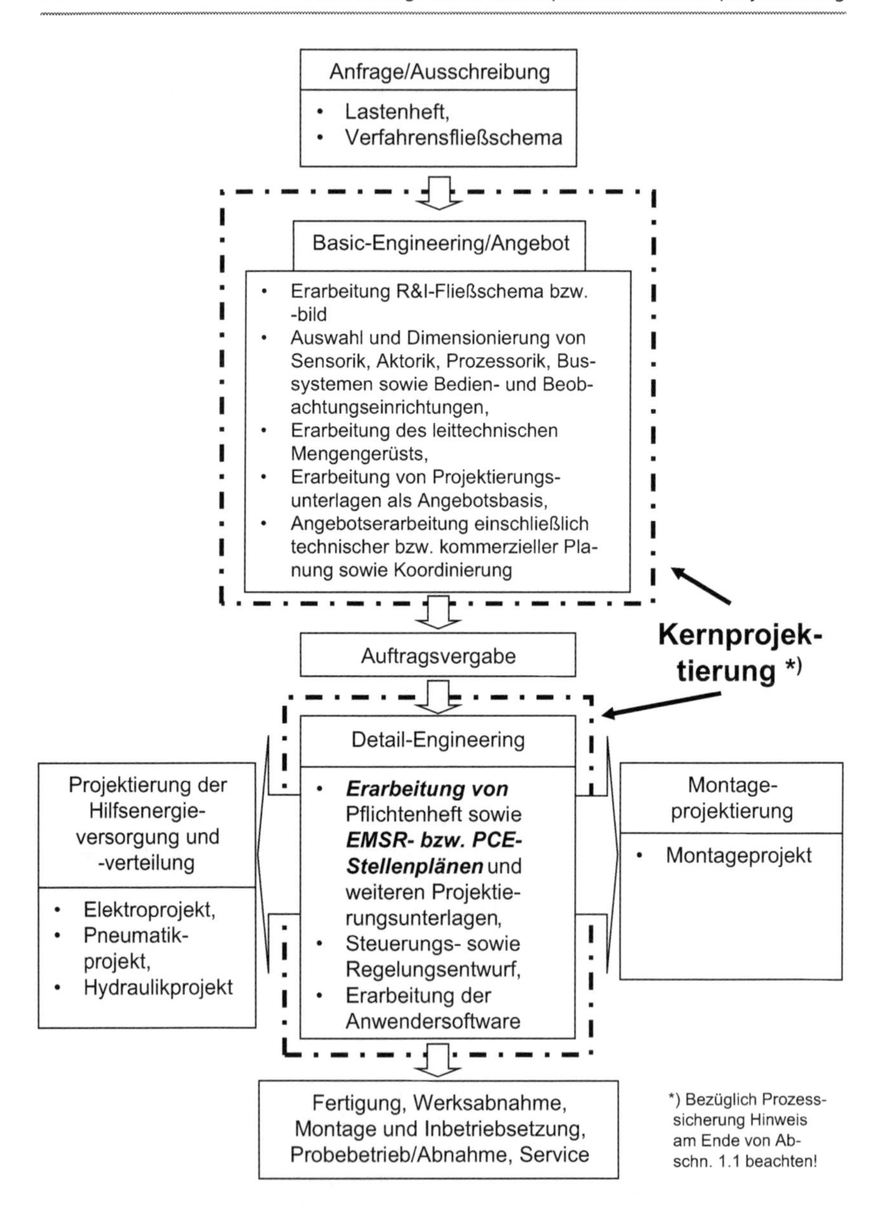

Abb. 2.1 Einordnung der Kernprojektierung mit zugeordneten *wesentlichen* Ingenieurtätigkeiten in den Projektablauf

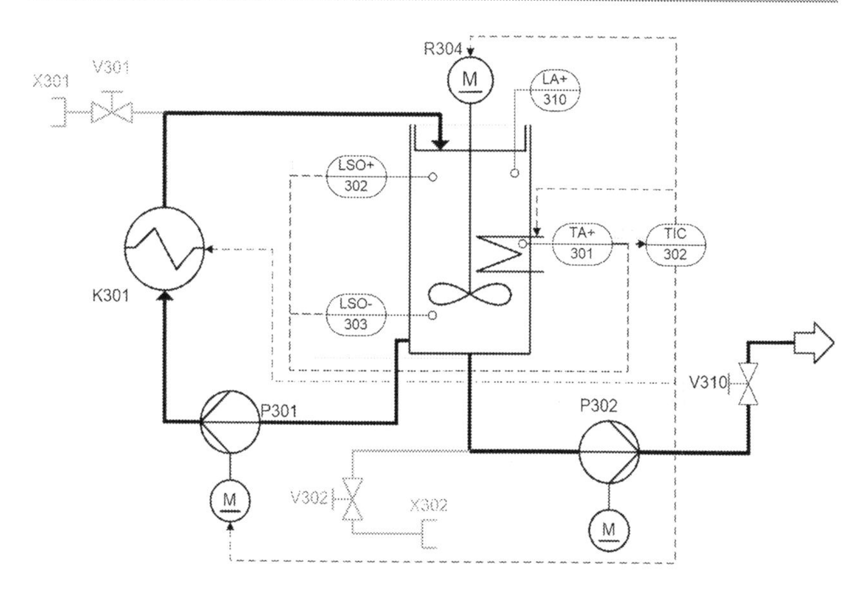

Abb. 2.2 Beispiel eines Verfahrensfließschemas (Im Allgemeinen enthält ein Verfahrensfließschema keine EMSR-Stellen nach DIN 19227-1 [4] bzw. Darstellung von PCE-Aufgaben sowie PCE-Leitfunktionen nach DIN EN 62424 [5]. Wie bereits ausgeführt, sind jedoch Ausnahmen möglich. Man beschränkt sich in diesen Fällen auf die Darstellung der *wichtigsten* EMSR-Stellen [wie z. B. in Abb. 2.2] bzw. PCE-Aufgaben sowie -Leitfunktionen)

Prozess dient. Mit dem Verfahrensfließschema wird die zu realisierende Verfahrenstechnologie dokumentiert, wobei bereits in diesem Schema die wichtigsten EMSR-Stellen als Vorgabe für die zu projektierende Automatisierungsanlage eingetragen werden können.

Aus dem in Abb. 2.2 dargestellten Verfahrensfließschema sind deshalb für die Automatisierungsanlage folgende allgemeine Anforderungen, die anschließend im Lastenheft niederzulegen sind, abzuleiten:

- Über ein Heizmodul ist in Verbindung mit einem Widerstandsthermometer sowie einem Rührer die Temperatur im Behälter zu regeln. Der Rührer soll für die gleichmäßige Durchmischung der Flüssigkeit im Behälter sorgen.
- Als Anforderung für den zu projektierenden Temperaturregelkreis zeigt die schon als Vorgabe in das Verfahrensfließschema eingetragene EMSR-Stelle TIC 302 eine Split- Range-Struktur.

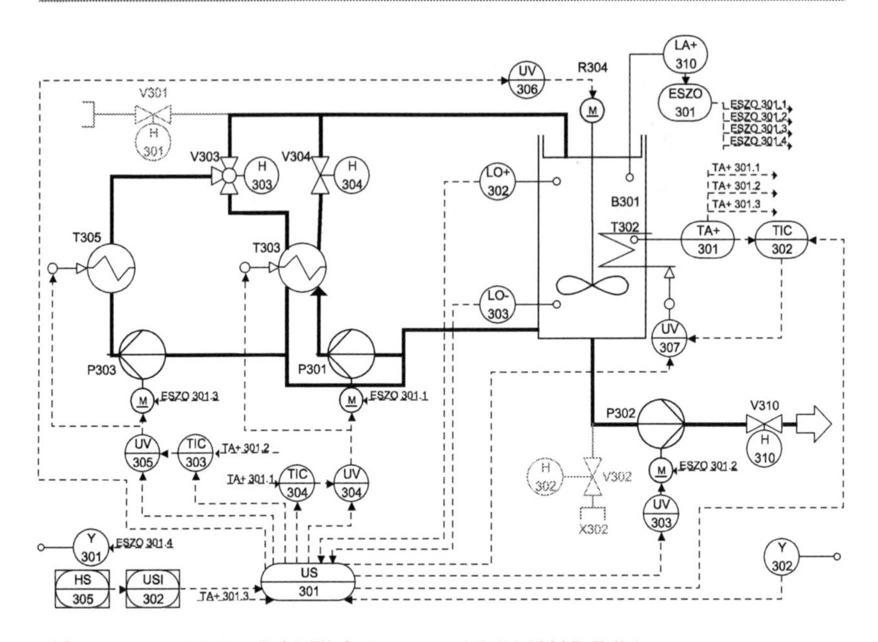

Abb. 2.3 Beispiel eines R&I-Fließschemas nach DIN 19227, Teil 1

- Der Füllstand soll mittels binärer Grenzwertsensoren überwacht werden, um auf diese Weise den Trockenlaufschutz – sowohl für Kreiselpumpe P 301 des Kühlkreislaufes als auch für Kreiselpumpe P 302 – zum Abtransport der Flüssigkeit aus dem Behälter zu realisieren. Gleichzeitig sollen diese Sensoren das Überhitzen der Heizung durch Einschalten bei leerem Behälter verhindern. Auch dafür sind bereits entsprechende EMSR-Stellen im Verfahrensfließschema enthalten.

Schließlich ist mittels der Ventile V301 bzw. V302 (in Abb. 2.2 grau dargestellt) die Kopplung zu den benachbarten Anlagengruppen zu realisieren.

Das R&I-Fließschema (Beispiel vgl. Abb. 2.3) beinhaltet das Verfahrensfließschema, erweitert um die für die Automatisierung erforderlichen EMSR-Stellen (Elektro-, Mess-, Steuer- und Regel-Stelle) nach DIN 19227-1 [4]. Die Symbolik der EMSR-Stellen nach DIN 19227-1 ist in [1] sowie [2] ausführlich beschrieben, sodass hier nur darauf verwiesen wird.

Im Rahmen des Detail-Engineerings (vgl. Abb. 1.5 bzw. Abb. 2.1) sind für alle im R&I-Fließschema nach DIN EN 10628/DIN 19227, Teil 1 dargestellten

EMSR-Stellen[4] bzw. für alle im R&I-Fließbild nach DIN EN 10628/DIN EN 62424 dargestellten und jeweils funktionell zusammengehörigen PCE-Aufgaben sowie PCE-Leitfunktionen – im vorliegenden *essential* PCE-Stellen genannt – Stromlaufpläne zu erarbeiten. Sofern sich diese Stromlaufpläne auf im R&I-Fließschema nach DIN EN 10628/DIN 19227-1 dargestellten EMSR-Stellen beziehen, heißen sie EMSR-Stellenpläne. Beziehen sich die Stromlaufpläne jedoch auf im R&I-Fließbild nach DIN EN 10628/DIN EN 62424 dargestellte PCE-Stellen, so werden sie PCE-Stellenpläne[5] genannt.

Im folgenden Kapitel wird nun der allgemeine Aufbau von EMSR-bzw. PCE-Stellenplänen nach DIN 19227-2 [7]/DIN 40719-2 [8] erläutert. DIN 19227-2 liefert hierfür Symbolik, DIN 40719-2 beschreibt Regeln für die Referenzkenzeichnung der in den Stromlaufplänen dargestellten Betriebsmittel. Da DIN 40719 in den vergangenen Jahren schrittweise durch andere Normen ersetzt worden ist, ergibt sich daraus die Notwendigkeit, hinsichtlich Referenzkennzeichnung auf den Übergang von DIN 40719-2 zu DIN EN 81346-2 [9] besonders einzugehen.

[4]EMSR- bzw. PCE-Stellen werden synonym oft auch als PLT-Stellen (Prozessleittechnische Stellen) bezeichnet.

[5]Andere bei der Projektierung von Automatisierungsanlagen zu erarbeitende Dokumente wie EMSR-Stellenliste sowie EMSR-Stellenblatt werden dann analog dazu PCE-Stellenliste sowie PCE-Stellenblatt genannt.

3 Allgemeiner Aufbau von EMSR- bzw. PCE-Stellenplänen

3.1 Überblick

Wie bereits erläutert, sind im Rahmen des Detail-Engineerings für alle im R&I-Fließschema nach DIN EN 10628/DIN 19227, Teil 1 dargestellten EMSR-Stellen EMSR-Stellenpläne bzw. für alle im R&I-Fließbild nach DIN EN 10628/DIN EN 62424 dargestellten und jeweils funktionell zusammengehörigen PCE-Aufgaben sowie PCE-Leitfunktionen – im vorliegenden *essential* PCE-Stellen genannt – Stromlaufpläne zu erarbeiten. Sofern sich diese Stromlaufpläne auf im R&I-Fließschema nach DIN EN 10628/DIN 19227-1 dargestellte EMSR-Stellen beziehen, heißen sie EMSR-Stellenpläne. Beziehen sich die Stromlaufpläne jedoch auf im R&I-Fließbild nach DIN EN 10628/DIN EN 62424 dargestellte PCE-Stellen, so werden sie im vorliegenden *essential* PCE-Stellenpläne genannt. Wie ebenfalls bereits erläutert, liefert DIN 19227-2 hierfür die Symbolik, während DIN 40719-2 Regeln für die Kennzeichnung der in den Stromlaufplänen dargestellten Betriebsmittel beschreibt. Da DIN 40719 in den vergangenen Jahren schrittweise durch andere Normen ersetzt worden ist, ergibt sich daraus die Notwendigkeit, hinsichtlich Referenzkennzeichnung auf den Übergang nach DIN EN 81346 besonders einzugehen.

Bis 1991 galt für die Kennzeichnung von Betriebsmitteln DIN 40719-2, welche durch zunächst durch DIN 6779-1 abgelöst wurde. Mit Inkrafttreten von DIN 6779-2 wurde 1995 DIN 6779-1 aktualisiert, wobei gleichzeitig wesentliche vormals in DIN 40719-2 befindliche und anschließend zunächst nach DIN 6779-1 übernommene Inhalte aus DIN 6779-1 wieder herausgelöst und nun nach DIN DIN 6779-2 übernommen wurden. 2007 wurde DIN 6779-1 durch DIN ISO/TS 16952-1 (Ablösung 2013 durch DIN ISO/TS 81346) und DIN 6779-2 im Zuge der Überarbeitung von DIN EN 61346-2 wiederum durch letztere ersetzt. 2010

T. Bindel und D. Hofmann, *EMSR-Stellenplan,* essentials,
https://doi.org/10.1007/978-3-658-21732-7_3

schließlich wurde DIN EN 61346-2 durch die bis heute geltende Norm DIN EN 81346-2 abgelöst. Ausführlichere Erläuterungen zur historischen Entwicklung der genannten Normenreihen DIN 40719, DIN 6779, DIN EN 61346 sowie DIN EN 81346 sind Abschn. 3.3.1 zu entnehmen.

Da verfahrenstechnische Anlagen und daher auch die zu ihrer Automatisierung errichteten Automatisierungsanlagen über eineinhalb bis zwei Jahrzehnte, manchmal sogar noch länger, betrieben werden, kann man davon ausgehen, in der Praxis der Kennzeichnung von Betriebsmitteln nach DIN 40719-2 noch längere Zeit zu begegnen. Über einen Übergangszeitraum, der sich durchaus bis in das Jahr 2020 erstrecken könnte, werden daher Kennzeichnung von Betriebsmitteln nach DIN 40719-2 sowie Referenzkennzeichnung nach DIN EN 81346-2 gemeinsam anzutreffen sein. Dies rechtfertigt, in vorliegendem *essential* sowohl Kennzeichnung von Betriebsmitteln nach DIN 40719-2 sowie Referenzkennzeichnung nach DIN EN 81346-2 zu behandeln. Gestützt wird dies auch dadurch, dass grundlegende aus DIN 40719-2 bekannte Prinzipien weitgehend nach DIN EN 81346-2 übernommen wurden. Änderungen ergeben sich hauptsächlich bei Kennbuchstaben, auf die im Abschn. 3.3.2 eingegangen wird. Daher ist es sinnvoll, zunächst die Systematik der Kennzeichnung von Betriebsmitteln nach DIN 40719-2 darzustellen und darauf aufbauend auf den Übergang von DIN 40719-2 zu DIN EN 81346-2 einzugehen.

3.2 Aufbau von EMSR- bzw. PCE-Stellenplan nach DIN 19227-2 (Symbolik) und DIN 40719-2 (Kennzeichnung von Betriebsmitteln)

3.2.1 Allgemeiner Aufbau von EMSR- bzw. PCE-Stellenplänen

Der Projektierungsingenieur legt zunächst fest, welche Automatisierungsmittel für die Funktionen der einzelnen EMSR-Stellen erforderlich sind. Darauf aufbauend wird anschließend im Rahmen des Detail-Engineerings die konkrete Verdrahtung der Automatisierungsmittel geplant und mittels Grob-EMSR- bzw. -PCE-Stellenplan[1]

[1]Der *Grob*-EMSR- bzw. -PCE-Stellenplan ist eine dem *Übersichtsschaltplan* (Bestandteil der Schaltungsunterlagen zur Erläuterung der Arbeitsweise elektrischer Einrichtungen) vergleichbare grafische Darstellung.

sowie. Fein-EMSR- bzw. -PCE-Stellenplan[2] dokumentiert. Dabei ist anzustreben, alle für die Funktion einer Steuerung oder Regelung erforderlichen Automatisierungsmittel, d. h. Betriebsmittel wie z. B. Sensoren, (Aufnehmer), Wandler, Rechenglieder, Stellgeräte, Klemmen, in *einem* Übersichtsschaltplan (Grob-EMSR- bzw. -PCE-Stellenplan) bzw. Stromlaufplan (Fein-EMSR- bzw. -PCE-Stellenplan) darzustellen, auch wenn dadurch mehrere EMSR- bzw. PCE-Stellen in einem EMSR- bzw. PCE-Stellenplan erfasst sind. Dies tritt z. B. dann auf, wenn in einer Durchflussregelung eine Drosselstelleinrichtung eingesetzt wird, die über einen Stellungsregler (Positioner oder auch Steller genannt) verfügt, sodass eine Kaskadenstruktur (Kaskadenregelung) entsteht. Hierbei ist der Stellungsregler bezüglich des Durchflussregelkreises als unterlagerter Regelkreis zu betrachten, der im R&I-Fließschema als separate EMSR-Stelle bzw. PCE-Stelle im R&I-Fließschema bzw. R&I-Fließbild darzustellen ist. Diese separate EMSR-Stelle bzw. PCE-Stelle in einem separaten EMSR- bzw. PCE-Stellenplan – d. h. losgelöst vom EMSR- bzw. PCE-Stellenplan der Durchflussregelung – darzustellen, ist nicht sinnvoll, weil dadurch der Überblick auf die Gesamtheit aller an der Durchflussregelung beteiligten Betriebsmittel stark beeinträchtigt wird, wenn nicht gar verloren geht.

In EMSR- bzw. PCE-Stellenplänen soll die Symbolik nach DIN 19227-2 [7] angewendet werden. Deshalb wird sie im Folgenden eingeführt und beispielhaft erläutert. Die nach DIN 19227-2 für EMSR- bzw. PCE-Stellenpläne zur Verfügung stehenden Symbole lassen sich in folgende Symbolgruppen unterteilen: Aufnehmer, Anpasser[3], Ausgeber, Regler, Steuergeräte, Bediengeräte, Stellgeräte und Zubehör, Leitungen/Leitungsverbindungen/Anschlüsse/Signalkennzeichen.

Häufig verwendete Symbole sind in Abb. 3.1, 3.2, 3.3 und 3.4 dargestellt. Es ist zulässig, diese Symbole miteinander zu kombinieren. Abb. 3.5 zeigt Beispiele solcher Kombinationssymbole.

Die Darstellungen in Abb. 3.6, 3.7, 3.8, 3.9 und 3.10 sind an DIN 19227-2 [7] angelehnt und zeigen beispielhaft, wie die zuvor erläuterte Symbolik in EMSR-Stellenplänen angewendet wird. Diese Symbolik wird in PCE-Stellenplänen in analoger Weise angewendet.

---

[2]Der *Fein-* EMSR- bzw. -PCE-Stellenplan ist eine dem *Stromlaufplan* (Bestandteil der Schaltungsunterlagen zur Erläuterung der Arbeitsweise elektrischer Einrichtungen) vergleichbare grafische Darstellung.

[3]In der Symbolgruppe „Anpasser" wird zwischen Wandlern (Umformer, Umsetzer), Rechengliedern, Signalverstärkern, Signalspeichern und Binärverknüpfungen unterschieden. Symbole für Wandler, Rechenglieder, Signalverstärker und Signalspeicher nach DIN 19227-2 zeigt Abb. 3.2, bezüglich der Symbole für Binärverknüpfungen verweist DIN 19227-2 auf DIN EN 60617-12 [10].

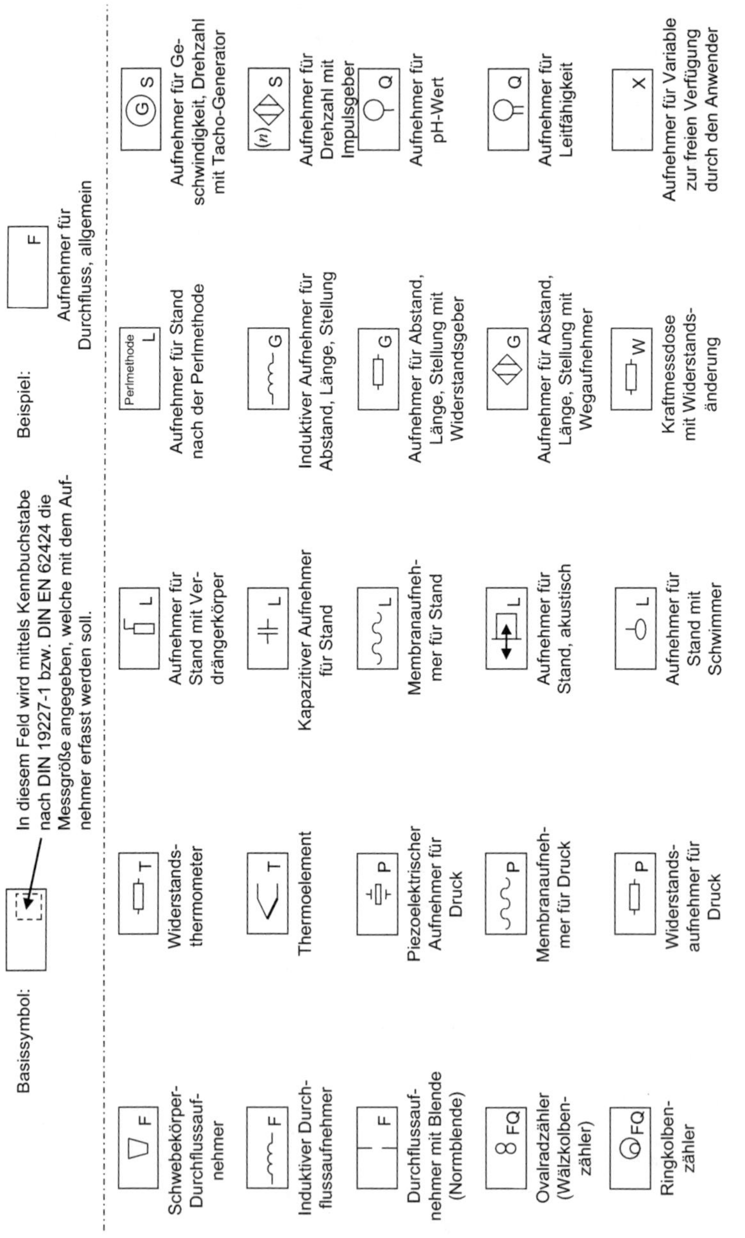

Basissymbol: In diesem Feld wird mittels Kennbuchstabe nach DIN 19227-1 bzw. DIN EN 62424 die Messgröße angegeben, welche mit dem Aufnehmer erfasst werden soll.

Beispiel: F — Aufnehmer für Durchfluss, allgemein

F — Schwebekörper-Durchflussaufnehmer
T — Widerstandsthermometer
L — Aufnehmer für Stand mit Verdrängerkörper
Perlmethode L — Aufnehmer für Stand nach der Perlmethode
S — Aufnehmer für Geschwindigkeit, Drehzahl mit Tacho-Generator

F — Induktiver Durchflussaufnehmer
T — Thermoelement
L — Kapazitiver Aufnehmer für Stand
G — Induktiver Aufnehmer für Abstand, Länge, Stellung
(n) S — Aufnehmer für Drehzahl mit Impulsgeber

F — Durchflussaufnehmer mit Blende (Normblende)
P — Piezoelektrischer Aufnehmer für Druck
L — Membranaufnehmer für Stand
G — Aufnehmer für Abstand, Länge, Stellung mit Widerstandsgeber
Q — Aufnehmer für pH-Wert

FQ — Ovalradzähler (Wälzkolbenzähler)
P — Membranaufnehmer für Druck
L — Aufnehmer für Stand, akustisch
G — Aufnehmer für Abstand, Länge, Stellung mit Wegaufnehmer
Q — Aufnehmer für Leitfähigkeit

FQ — Ringkolbenzähler
P — Widerstandsaufnehmer für Druck
L — Aufnehmer für Stand mit Schwimmer
W — Kraftmessdose mit Widerstandsänderung
X — Aufnehmer für Variable zur freien Verfügung durch den Anwender

Abb. 3.1 Ausgewählte Symbole für Aufnehmer (Sensoren) nach DIN 19227-2

Basissymbol:
Werden Anpasser in Software realisiert, so ist an den Symbolen eine Fahne (flag) anzubringen:
Ausgangsseite
Eingangsseite
Wandler, allgemein
Wandler für elektrisches Einheitssignal
Radizierglied
Verstärker
Wandler mit galvanischer Trennung, allgemein
Messumformer für Stand mit pneumatischem Einheitssignalausgang
Rechenglied für die Funktion A=f(E)
Signalspeicher, allgemein
Wandler mit galvanischer Trennung, Eingang und Ausgang in Zündschutzart „Eigensicherheit", allgemein
Messumformer für Temperatur mit galvanischer Trennung und elektrischem Einheitssignalausgang, Zündschutzart „Eigensicherheit" auf der Seite des Aufnehmers
Rechenglied mit Integrierfunktion
Analogsignalspeicher
Messumformer mit pneumatischem Einheitssignalausgang, allgemein
Umsetzer für elektrisches in pneumatisches Einheitssignal
Rechenglied für Maximalauswahl
Digitalsignalspeicher
Messumformer mit elektrischem Einheitssignalausgang, allgemein
Analog-Digital-Umsetzer
Hinweise:
Anstelle des Zeichens „*" ist entweder für eine Messgröße ein Kennbuchstabe nach DIN 19227 oder das Zeichen für pneumatisches bzw. elektrisches Einheitssignal einzutragen.
Galvanische Trennung ist hier mit Potentialtrennung gleichzusetzen.

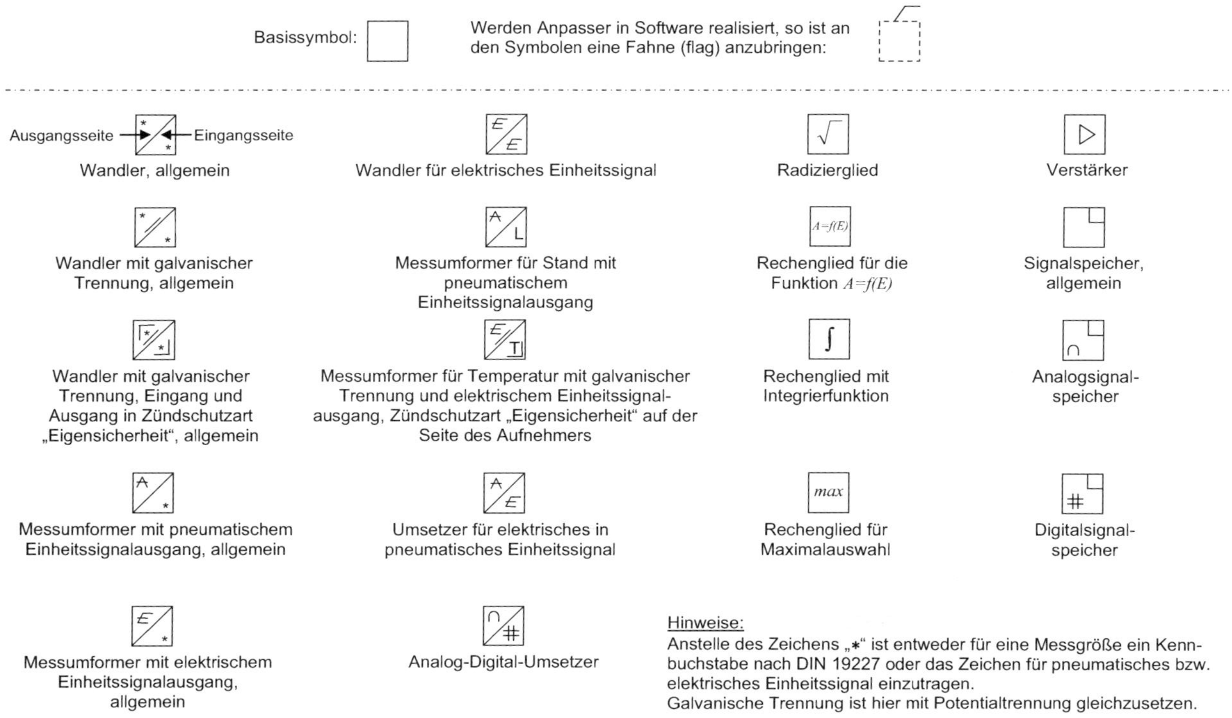

Abb. 3.2 Ausgewählte Symbole für Anpasser (Wandler, Rechenglieder, Signalverstärker, Signalspeicher) nach DIN 19227-2

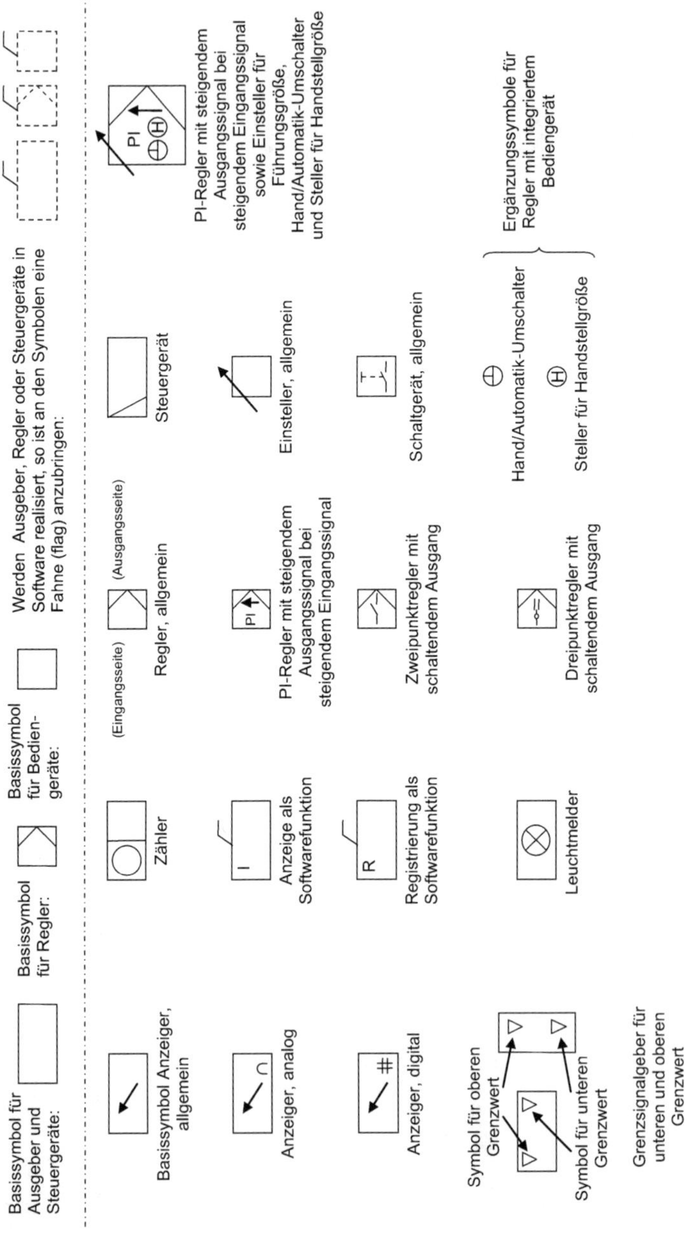

Basissymbol für Ausgeber und Steuergeräte:
Basissymbol für Regler:
Basissymbol für Bediengeräte:
Werden Ausgeber, Regler oder Steuergeräte in Software realisiert, so ist an den Symbolen eine Fahne (flag) anzubringen:

Basissymbol Anzeiger, allgemein
Zähler
(Eingangsseite) (Ausgangsseite)
Regler, allgemein
Steuergerät
PI
PI-Regler mit steigendem Ausgangssignal bei steigendem Eingangssignal sowie Einsteller für Führungsgröße, Hand/Automatik-Umschalter und Steller für Handstellgröße
Anzeiger, analog
I
Anzeige als Softwarefunktion
PI
PI-Regler mit steigendem Ausgangssignal bei steigendem Eingangssignal
Einsteller, allgemein
Anzeiger, digital
R
Registrierung als Softwarefunktion
Zweipunktregler mit schaltendem Ausgang
Schaltgerät, allgemein
Symbol für oberen Grenzwert
Symbol für unteren Grenzwert
Grenzsignalgeber für unteren und oberen Grenzwert
Leuchtmelder
Dreipunktregler mit schaltendem Ausgang
Hand/Automatik-Umschalter
H
Steller für Handstellgröße
Ergänzungssymbole für Regler mit integriertem Bediengerät

Abb. 3.3 Ausgewählte Symbole für Ausgeber (Anzeiger), Regler, Steuer- und Bediengeräte nach DIN 19227-2

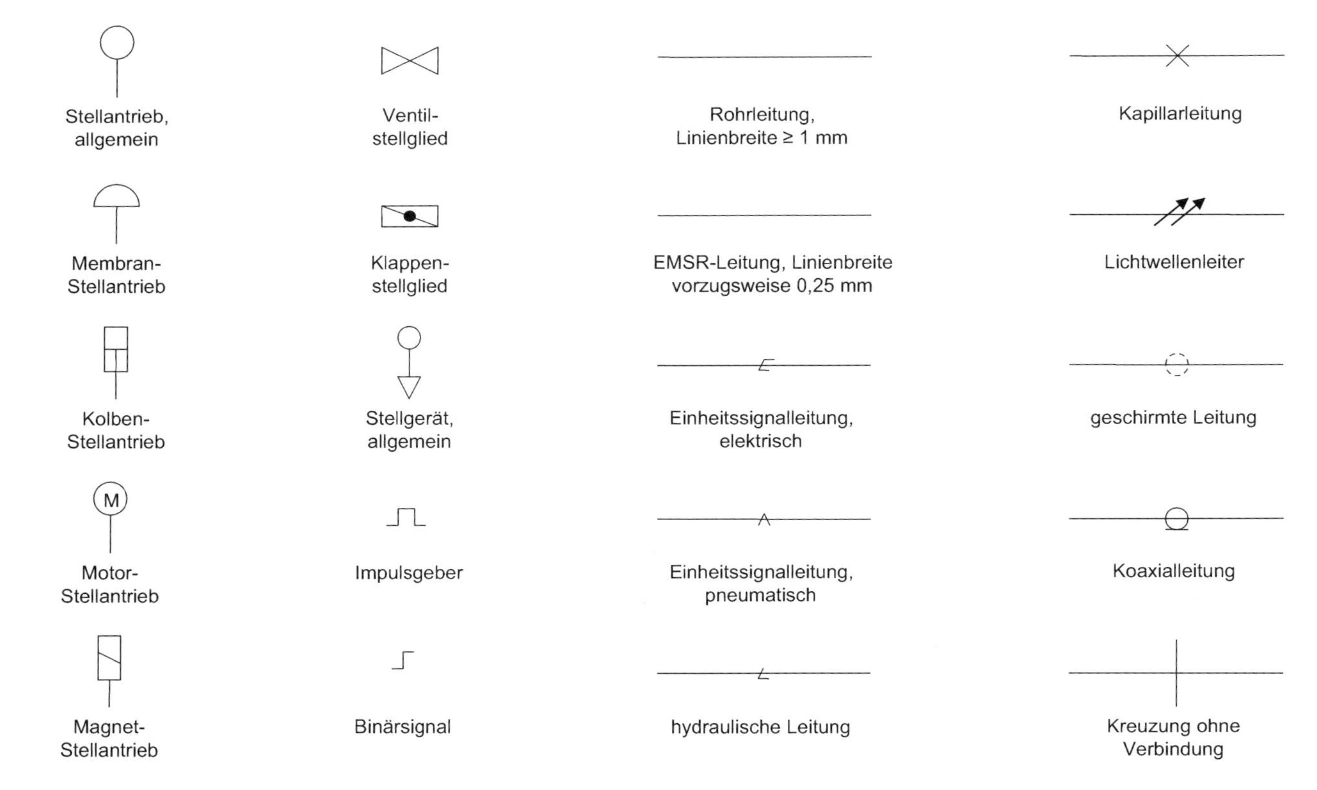

Abb. 3.4 Ausgewählte Symbole für Stellgeräte und Zubehör sowie Signalkennzeichen und Leitungen nach DIN 19227-2

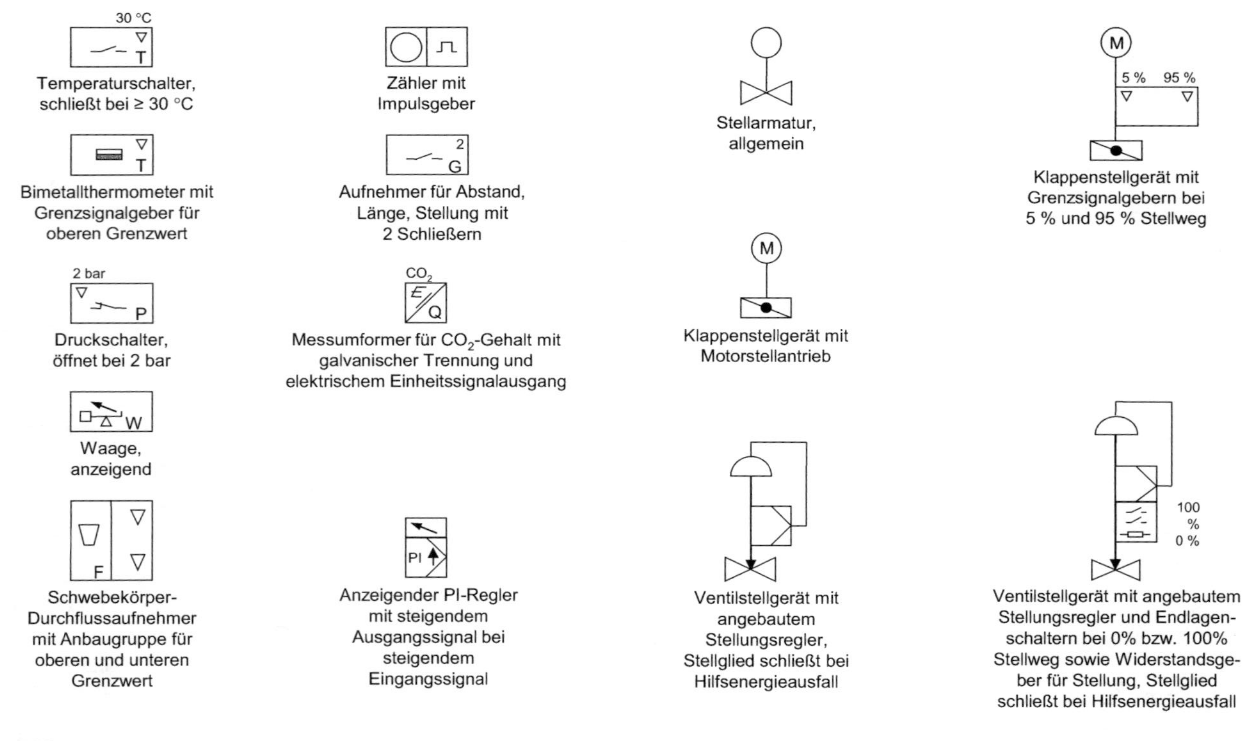

Abb. 3.5 Beispiele für Kombinationssymbole nach DIN 19227-2

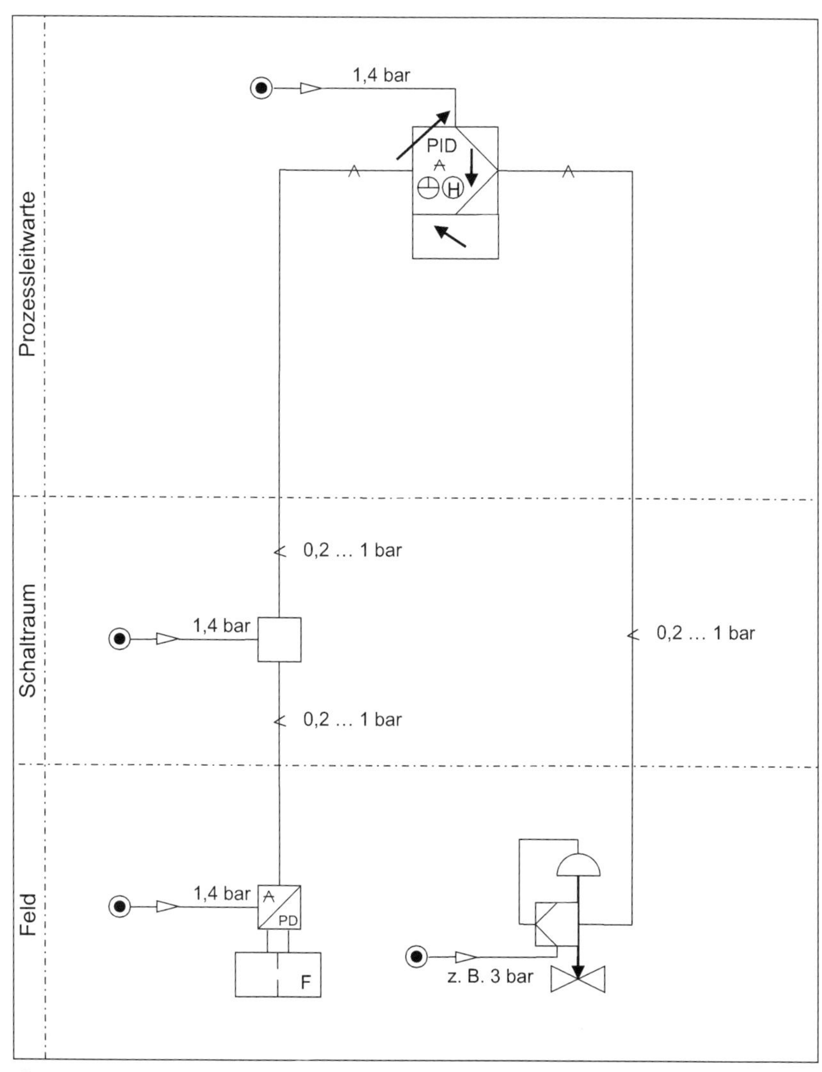

Graphisches Symbol für Zuluft nach DIN ISO 1219 (pneumatische Druckquelle) [11]

Abb. 3.6 Grob-EMSR-Stellenplan einer pneumatischen Durchflussregelung mit konventioneller Anzeige und Regelung (vgl. auch Abb. 1.7)

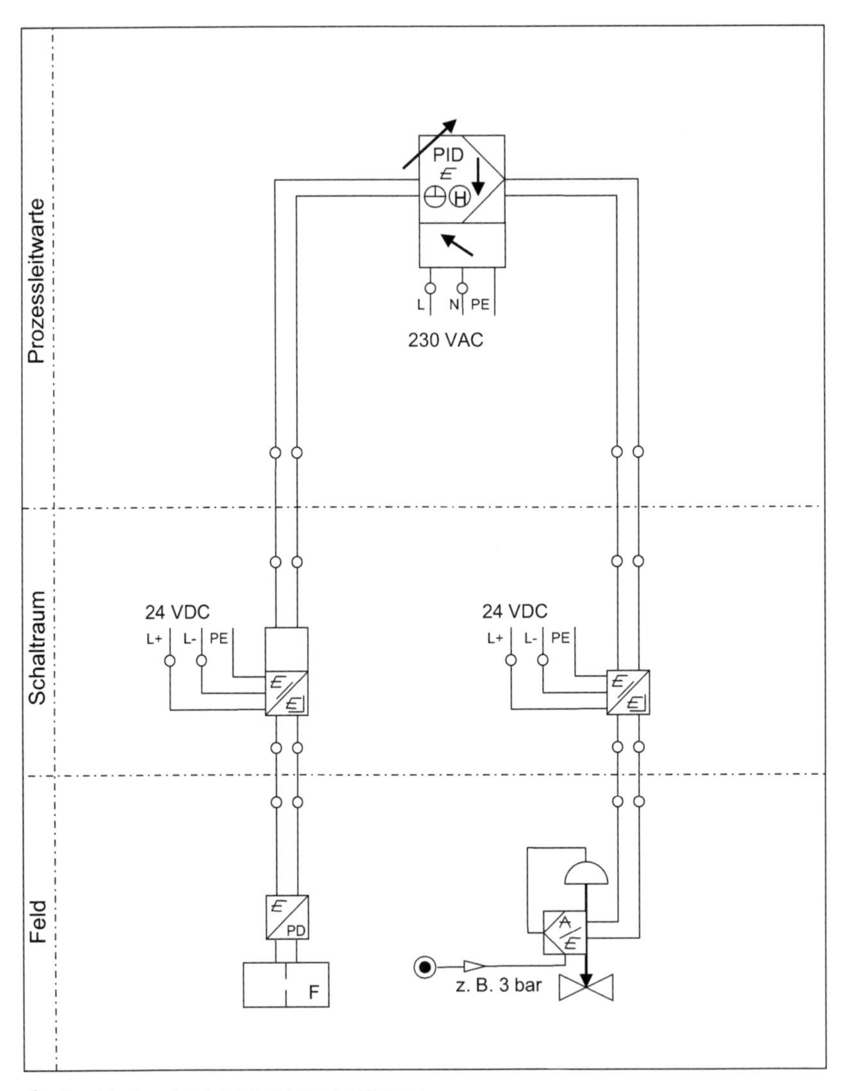

○ Graphisches Symbol für elektrische Klemme

◉ Graphisches Symbol für Zuluft nach DIN ISO 1219 (pneumatische Druckquelle) [11]

Abb. 3.7 Fein-EMSR-Stellenplan einer elektrischen Durchflussregelung mit konventioneller Anzeige und Regelung (vgl. auch Abb. 1.7)

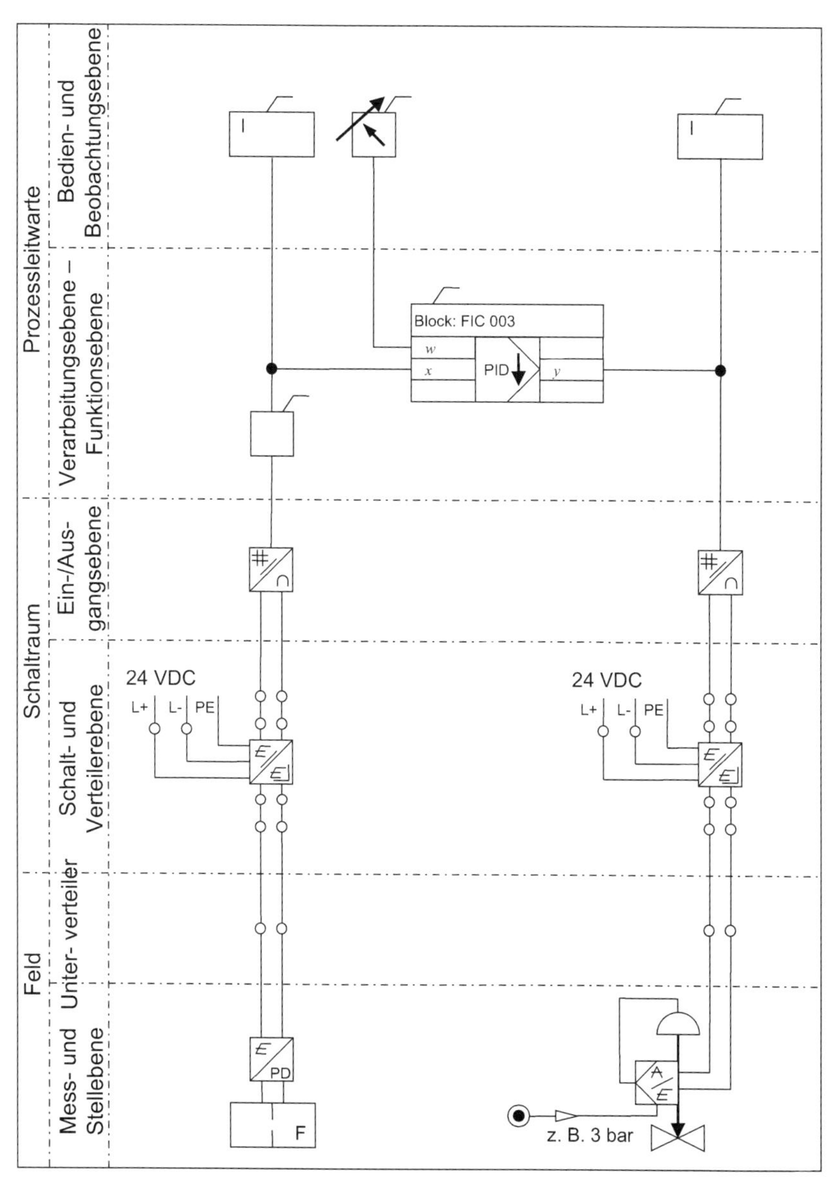

○ Graphisches Symbol für elektrische Klemme

◉ Graphisches Symbol für Zuluft nach DIN ISO 1219 (pneumatische Druckquelle) [11]

Abb. 3.8 Fein-EMSR-Stellenplan einer elektrischen Durchflussregelung mit softwaremäßiger Anzeige und Regelung (vgl. auch Abb. 1.7)

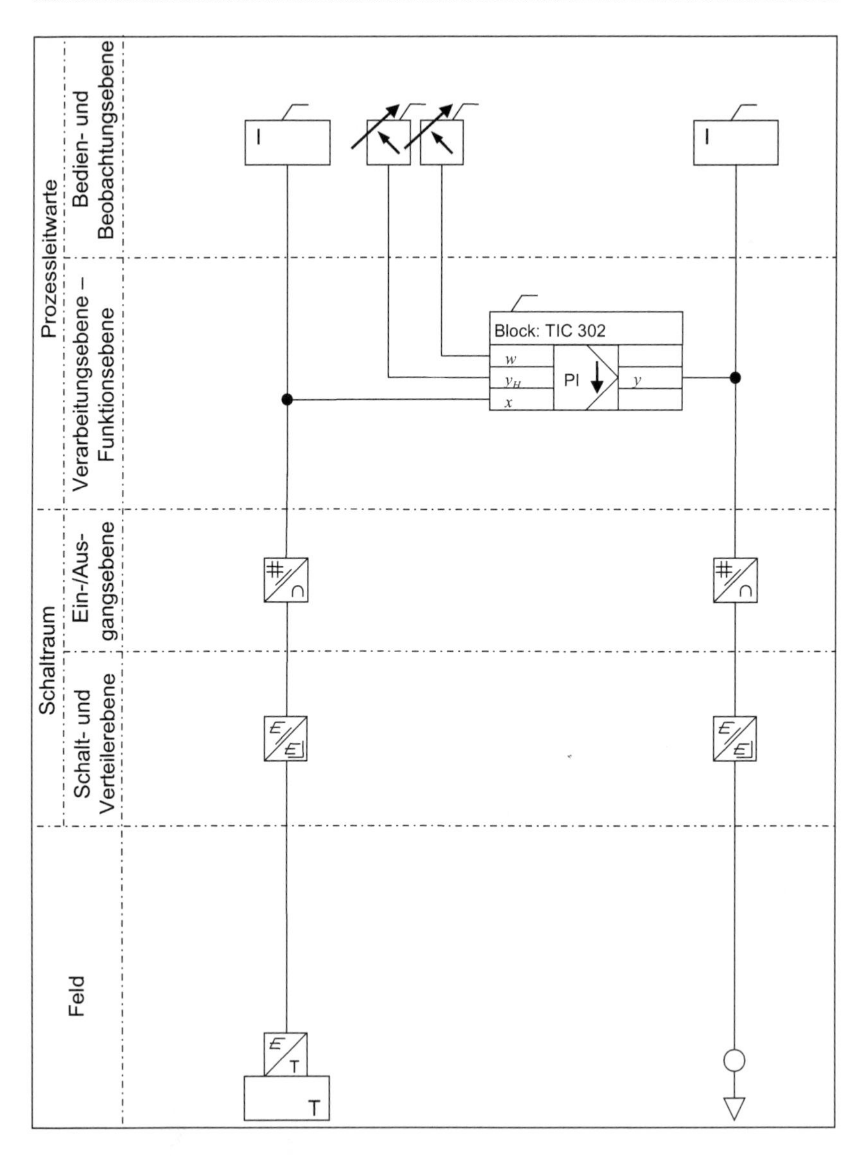

Abb. 3.9 Grob-EMSR-Stellenplan einer Temperaturregelung mit softwaremäßiger Anzeige und Regelung (vgl. auch Abb. 1.7)

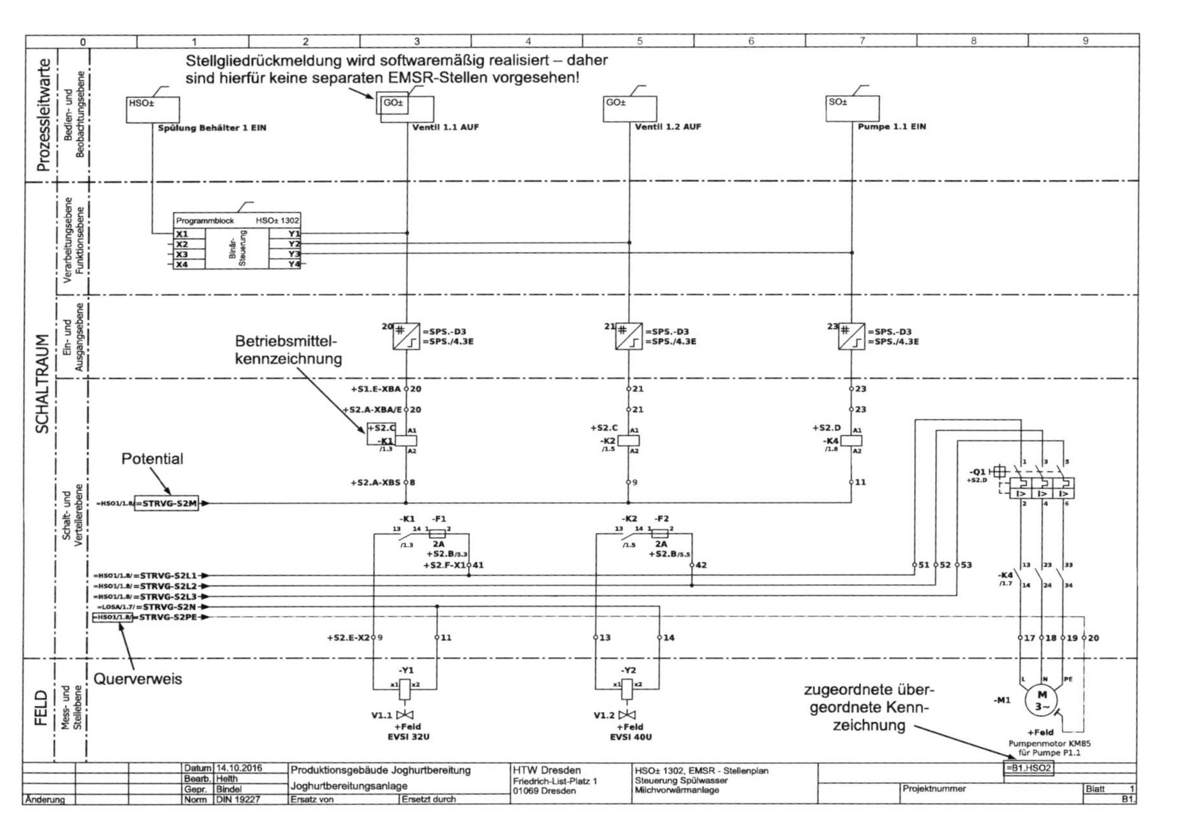

Abb. 3.10 Fein-EMSR-Stellenplan der EMSR-Stelle HSO± 1302 mit Kennzeichnung der Betriebsmittel sowie Darstellung von Potentialen, Querverweisen und übergeordneter Kennzeichnung

Tab. 3.1 Betriebsmittelkennzeichnung im EMSR- bzw. PCE-Stellenplan – Prinzip

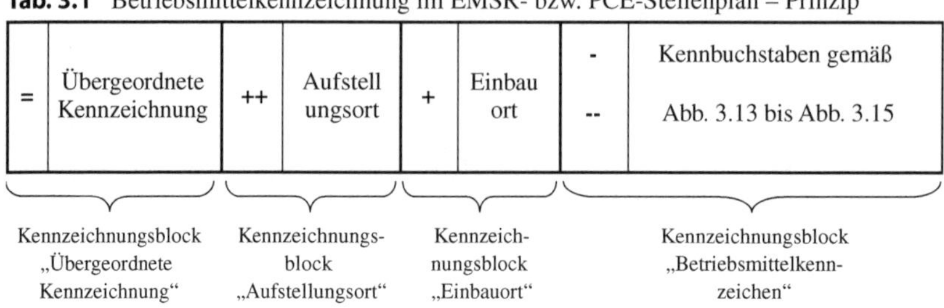

=	Übergeordnete Kennzeichnung	++	Aufstell ungsort	+	Einbau ort	- --	Kennbuchstaben gemäß Abb. 3.13 bis Abb. 3.15
Kennzeichnungsblock „Übergeordnete Kennzeichnung“		Kennzeichnungs-block „Aufstellungsort“		Kennzeich-nungsblock „Einbauort“		Kennzeichnungsblock „Betriebsmittelkenn-zeichen“	

3.2.2 Betriebsmittelkennzeichnung

Als Betriebsmittel werden im EMSR- bzw. PCE-Stellenplan miteinander verbundene Geräte (z. B. Aufnehmer, Anpasser, Regler, Ausgeber, Stellgeräte, Klemmen etc.) bezeichnet.

Um in der Projektdokumentation diese Betriebsmittel eindeutig identifizieren zu können, wird in EMSR- bzw. PCE-Stellenplänen u. a. das Kennzeichnungssystem nach DIN 40719-2 [8] angewendet.[4] Dieses Kennzeichnungssystem ist in Kennzeichnungsblöcke gegliedert, die durch Vorzeichen jeweils voneinander getrennt sind (Tab. 3.1). Nachfolgend wird nun der Aufbau der einzelnen Kennzeichnungsblöcke erläutert.

Kennzeichnungsblock „Übergeordnete Kennzeichnung“

Um diesen Kennzeichnungsblock anwenden zu können, ist das Automatisierungsobjekt, d. h. die Produktionsanlage (Brauerei, Kraftwerk etc.), *prozessorientiert* zu gliedern. Eine zweckmäßige allgemeine und daher häufig in ähnlicher Weise verwendete Gliederung einschließlich Beispiel zeigt Abb. 3.11.[5] In der Ebene „Teilanlage“ fasst man dabei Behälter oder Apparate, die dem gleichen

[4]DIN 40719-2 ist zurückgezogen und durch DIN EN 81346-2 [9] ersetzt worden. Grundlegende aus DIN 40719-2 bekannte Prinzipien bleiben aber weitgehend erhalten, Änderungen ergeben sich hauptsächlich bei der Anwendung von Kennbuchstaben (vgl. Abschn. 3.3.2). Aus diesem Grund und weil darüber hinaus in der Praxis nach wie vor auch die Kennzeichnungssystematik nach DIN 40719-2 anzutreffen ist [12], stützen sich die Erläuterungen zum Prinzip der Betriebsmittelkennzeichnung zunächst auf DIN 40719-2, bevor im Abschn. 3.3 auf den Übergang zu DIN EN 81346-2 eingegangen wird.

[5]Weitere Hinweise zur Anlagenstrukturierung siehe DIN 40719-2 [8].

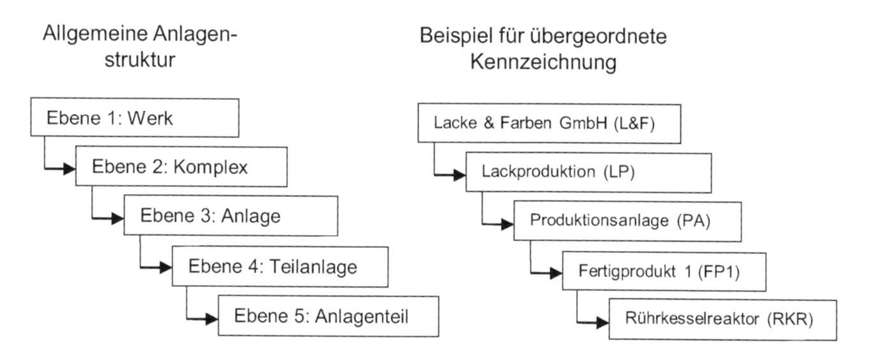

Abb. 3.11 Häufig verwendete allgemeine Anlagenstruktur und Anwendungsbeispiel

Zweck dienen (z. B. Herstellung bestimmter Produkte) zu Teilanlagen zusammen. Behälter oder Apparate samt der mit ihnen verbundenen Arbeitsmaschinen und Armaturen etc. bilden dann in den jeweiligen Teilanlagen die Anlagenteile. Anstelle ausführlicher Bezeichnungen werden dabei oft Abkürzungen verwendet, z. B. lautet die übergeordnete Kennzeichnung des Rührkesselreaktors aus Abb. 3.11 = L&F LP PA FP1 RKR. Weil die Anwendung des Kennzeichnungsblockes „Übergeordnete Kennzeichnung" zur Kennzeichnung der im EMSR- bzw. PCE-Stellenplan dargestellten Betriebsmittel trotz Verwendung von Abkürzungen zuviel Platz beanspruchen würde, benutzt man die sogenannte aufgeteilte Kennzeichnungsschreibweise, indem die übergeordnete Kennzeichnung durch Eintrag in das Schriftfeld des EMSR- bzw. PCE-Stellenplans formal allen in diesem EMSR- bzw. PCE-Stellenplan dargestellten Betriebsmitteln zugeordnet wird (vgl. Abb. 3.10). Soll einzelnen Betriebsmitteln eines EMSR- bzw. PCE-Stellenplans eine andere übergeordnete Kennzeichnung zugeordnet werden, so ist an diese Betriebsmittel die übergeordnete Kennzeichnung in der zusammenhängenden Kennzeichnungsschreibweise anzutragen.

Kennzeichnungsblöcke „Aufstellungsort" und „Einbauort" (Ortskennzeichnung)
Die Kennzeichnungsblöcke „Aufstellungsort" und „Einbauort" bilden in der Betriebsmittelkennzeichnung zusammen die sogenannte Ortskennzeichnung. Um diese Kennzeichnungsblöcke anwenden zu können, ist das Automatisierungsobjekt, d. h. die Produktionsanlage (Brauerei, Kraftwerk etc.), *örtlich* zu gliedern.[6]

---

[6]In der Projektierungspraxis wird diese Tätigkeit auch als „Einrichtung der Ortswelt" bezeichnet.

Begonnen wird dabei mit den Aufstellungsorten, die man sich als Räume vorstellen kann, in denen z. B. Montagegerüste für die Aufnahme von Feldgeräten (Mess- bzw. Stelleinrichtungen), Schaltschränke, Schalttafeln, Bedienpulte etc. aufgestellt werden.[7] Die einfachste und für Automatisierungsanlagen als allgemeingültig zu betrachtende Gliederung der Aufstellungsorte umfasst daher die Ebenen

- Feld,
- Schaltraum und
- Prozessleitwarte

(vgl. Abb. 3.6, 3.7, 3.8, 3.9 und 3.10), die – dem jeweiligen Anwendungsfall angepasst – durchaus weiter untergliedert werden können (vgl. Abb. 3.8, 3.9 und 3.10),[8] wobei die Untergliederungen innerhalb des Kennzeichnungsblocks „Aufstellungsort" meist mit jeweils einem Punkt voneinander getrennt werden. Den einzelnen Aufstellungsorten können nun Einbauorte zugeordnet werden. Als Einbauorte werden die bereits erwähnten Montagegerüste, Schaltschränke, Schalttafeln, Bedienpulte usw. betrachtet, in die Geräte wie z. B. Feldgeräte (Mess- und Stelleinrichtungen), separate Wandler (z. B. Potentialtrennstufen), Kompaktregler, Anzeigegeräte oder speicherprogrammierbare Technik eingebaut werden sollen. Wenn gefordert wird, den Einbauort eines Gerätes z. B. innerhalb eines Schaltschrankes genauer anzugeben, wird dem Schaltschrank ein Koordinatensystem zugeordnet, das die Einbauorte (Steckplätze) durch Angabe von Einbauzeile und -spalte lokalisiert. Die Angabe von Einbauzeile und -spalte wird mit einem Punkt von der übrigen Kennzeichnung des Einbauortes abgetrennt. Will man z. B. angeben, dass ein Gerät im Schaltschrank „S2", Einbauzeile „C" eingebaut ist, so lautet die Kennzeichnung des Einbauortes +S2.C. Eine örtliche Gliederung ist beispielhaft in Abb. 3.12 dargestellt, wobei bezüglich der Einbauorte aus Gründen der Übersichtlichkeit auf eine Untergliederung in Einbauzeilen bzw. -spalten verzichtet wurde.

Nach Abb. 3.12 lautet unter Verwendung der dort angegeben Abkürzungen die Ortskennzeichnung für ein in der Prozessleitwarte im Schaltschrank 1, Einbauzeile C eingebautes Gerät: ++PLW+S1.C. Bei der Ortskennzeichnung ist zu beachten, dass auf die Angabe des Aufstellungsortes auch verzichtet werden kann

---

[7] Im weitesten Sinne ist somit auch die Ebene „Feld" wie ein Aufstellungsort zu betrachten.

[8] Anhang 6 in [1] zeigt hierzu ein verallgemeinertes Beispiel.

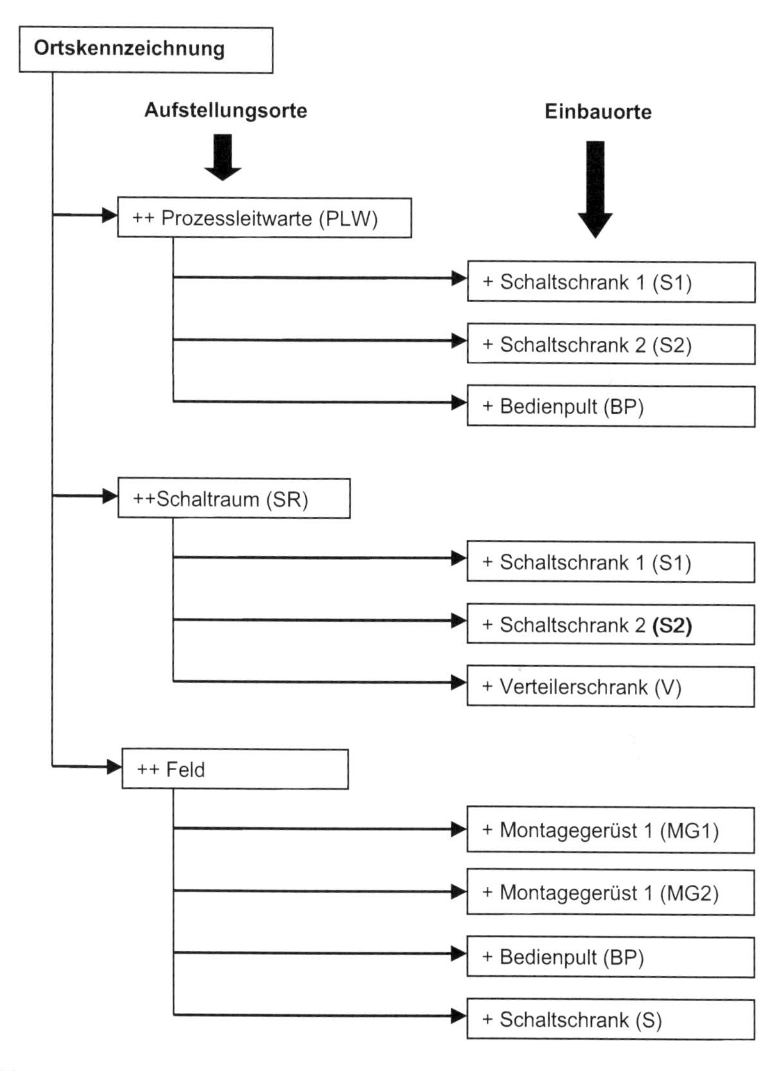

Abb. 3.12 Beispiel einer örtlichen Gliederung

bzw. dem Einbauort der Kennzeichnungsblock „Übergeordnete Kennzeichnung" vorangestellt werden darf. Die diesbezügliche Entscheidung hängt im Wesentlichen von den Gegebenheiten des zu bearbeitenden Projektes ab. Der Aufstellungsort ist aber unbedingt anzugeben, wenn die Bezeichnung eines Einbauortes in mehreren Aufstellungsorten verwendet wird. Nach Abb. 3.12 betrifft das z. B. Einbauort „Bedienpult“ in den Aufstellungsorten „Prozessleitwarte“ sowie „Feld“ bzw. Einbauort „Schaltschrank 1“ in den Aufstellungsorten „Prozessleitwarte“ sowie „Schaltraum“.

Hinsichtlich der Ortskennzeichnung wird ähnlich verfahren wie beim Kennzeichnungsblock „Übergeordnete Kennzeichnung“: Man benutzt auch hier die aufgeteilte Kennzeichnungsschreibweise, indem die Ortskennzeichnung durch Eintrag in das Schriftfeld des EMSR-Stellenplans formal allen in diesem EMSR-Stellenplan dargestellten Betriebsmitteln zugeordnet wird.[9] Soll einem einzelnen Betriebsmittel eines EMSR-Stellenplans eine andere Ortskennzeichnung zugeordnet werden, so ist an dieses Betriebsmittel die Ortskennzeichnung in der zusammenhängenden Kennzeichnungsschreibweise anzutragen (vgl. Abb. 3.10).

Kennzeichnungsblock „Betriebsmittelkennzeichen“

In EMSR- bzw. PCE-Stellenplänen wird zur Betriebsmittelkennzeichnung DIN 40719-2 angewendet und dabei zwischen elektrischen sowie nichtelektrischen Betriebsmitteln unterschieden. Dem Betriebsmittelkennzeichen für elektrische Betriebsmittel ist das Zeichen „-“, nichtelektrischen Betriebsmitteln das Zeichen „--“ (*Doppel*minus) voranzustellen. Sowohl bei elektrischen Betriebsmitteln als auch nichtelektrischen Betriebsmitteln werden Kennbuchstaben verwendet, die jeweils für *elektrische* Betriebsmittel in Abb. 3.13 sowie Abb. 3.14, für *nichtelektrische* Betriebsmittel in Abb. 3.15 aufgeführt sind. Beispielsweise sind Relais bzw. Schütze elektrische Betriebsmittel, die gemäß Abb. 3.13 das Betriebsmittelkennzeichen „-K“ tragen, welches um die laufende Nummer innerhalb der Betriebsmittelart (im vorliegenden Fall „K“) zu ergänzen ist (vgl. auch Abb. 3.10, Strompfad[10] B4). Nichtelektrische Betriebsmittel sind z. B. Ventile, die gemäß Abb. 3.15) das Betriebsmittelkennzeichen „--A“ tragen, welches auch hier um die laufende Nummer innerhalb der Betriebsmittelart (im vorliegenden Fall „A“) zu ergänzen ist. Betrachtet man unter Berücksichtigung der vorgenannten Ausführungen die in Abb. 3.10 dargestellten Betriebsmittel, ist festzustellen,

[9]Die in das Schriftfeld des EMSR-Stellenplans eingetragene Ortskennzeichnung wird auch als „Blattort“ bezeichnet. Dabei kann auf die Angabe des Aufstellungsortes verzichtet werden.

[10]Strompfade sind wie ein Koordinatensystem zu betrachten, mit dem Objekte auf dem Zeichnungsblatt lokalisiert werden können, was bei blattübergreifenden Querverweisen, wie sie z. B. bei der Darstellung von Potentialen auftreten, wichtig ist. Meist werden horizontale Strompfade mit Buchstaben, vertikale mit Zahlen bezeichnet.

Kennbuchstabe	Art des Betriebsmittels	Beispiele
A	Baugruppen, Teilbaugruppen	Verstärker mit getrennten Komponenten, Magnetverstärker, Laser, Maser, gedruckte Schaltung Gerätekombinationen; Baugruppen und Teilbaugruppen, die eine konstruktive Einheit bilden, aber nicht eindeutig einem anderen Kennbuchstaben zugeordnet werden können, wie Einschübe, Steckkarten, Flachbaugruppen, Ortssteuerstellen usw.
B	Umsetzer von nichtelektrischen auf elektrische Größen oder umgekehrt	Thermoelektrischer Fühler, Thermozelle, Dynamometer, photoelektrische Zelle, Kristallwandler, Mikrophon, Tonabnehmer, Lautsprecher, Kopfhörer, Drehfeldgeber, Funktionsdrehmelder; Messumformer, Thermoelemente; Widerstandsthermometer; Photowiderstand; Druckmessdosen; Dehnungsmessdosen; Dehnungsmesstreifen; Piezoelektrische Geber; Drehzahlgeber; Geschwindigkeitsgeber; Impulsgeber;Tachogenerator; Weg- und Winkelumsetzer;
C	Kondensatoren	
D	Binäre Elemente, Verzögerungseinrichtungen, Speichereinrichtungen	Integrierte digitale Schaltkreise und Geräte, Zeitglied, bistabiles Element, Monostabiles Element, Kernspeicher, Register, Magnetbandgerät, Plattenspieler; Einrichtungen der binären und digitalen Steuerungs-, Regelungs- und Rechentechnik. Integrierte Schaltkreise mit binären und digitalen Funktionen; Verzögerer; Signalblocker; Zeitglieder; Speicher- und Gedächtnisfunktionen, z. B. Trommel- und Magnetbandspeicher, Schieberegister; Verknüpfungsglieder z. B. UND- und ODER-Glieder. Digitale Einrichtungen, Impulszähler, digitale Regler und Rechner

Kennbuchstabe	Art des Betriebsmittels	Beispiele
E	Verschiedenes	Beleuchtungseinrichtung, Heizeinrichtung, Einrichtung, die an anderer Stelle nicht aufgeführt ist; Elektrofilter, Elektrozäune, Lüfter, Meßtechnische Geräteabsperrungen, Abgleichgefäße
F	Schutzeinrichtungen	Sicherung, Überspannungsentladevorrichtung, Überspannungsableiter; Fernmeldeschutzschalter, Schutzrelais, Bimetallauslöser, magnetische Auslöser; Druckwächter; Windfahnenrelais, Fliehkraftschalter; Buchholzschutz; Elektronische Einrichtungen zur Signalüberwachung; Signalsicherung; Leitungsüberwachung; Funktionssicherung;
G	Generatoren, Stromversorgungen	rotierender Generator, rotierender Frequenzwandler, Batterie, Oszillator, Quarzoszillator; ruhende Generatoren und Umformer; Ladergeräte; Netzgeräte; Stromrichtergeräte; Taktgeneratoren
H	Meldeeinrichtungen	Optisches oder akkustisches Messgerät; Signalleuchten; Geräte für das Gefahren- und Zeitmeldewesen; Zeitfolgemelder, Manöver-Registriergeräte; Fallklappenrelais; Leuchtdiode
J	frei verfügbar	
K	Relais, Schütze	Leistungsschütze, Hilfsschütze; Hilfsrelais, Zeitrelais; Blinkrelais und Reedrelais
L	Induktivitäten und Drosseln	Induktionsspule, Wellensperre, Drosselspule (Nebenschluss und Reihenschaltung)
M	Motoren	

Abb. 3.13 Kennbuchstaben *A* bis *M* für *elektrische* Betriebsmittel nach DIN 40719-2

Kennbuchstabe	Art des Betriebsmittels	Beispiele
N	Analoge Elemente	Operationsverstärker, hybrides analoges/digitales Gerät: Einrichtungen der analogen Steuerungs-, Regelungs- und Rechentechnik; elektronische und elektromechanische Regler; Umkehrverstärker; Trennverstärker; Impedanzwandler; Steuersätze; Analogregler und Analogrechner; integrierte Schaltkreise mit analogen Funktionen, Transduktoren
P	Messgeräte, Prüfeinrichtungen	anzeigende, schreibende und zählende Messeinrichtung, Impulsgeber, Uhr; Analog, binär und digital anzeigende und registrierende Messgeräte (Anzeiger, Schreiber, Zähler), Mechanische Zählwerke; binäre Zustandsanzeigen; Oszillographen; Datensichtgeräte; Simulatoren; Prüfadapter; Mess-, Prüf- und Einspeisepunkte
Q	Starkstrom-Schaltgeräte	Leistungsschalter, Trennschalter; Schalter in Hauptstromkreisen; Schalter mit Schutzeinrichtungen; Schnellschalter; Lasttrenner; Stern-Dreieck-Schalter; Polumschalter; Schaltwalzen; Trennlaschen; Zellenschalter; Sicherungstrenner; Sicherungslasttrenner; Installationsschalter; Motorschutzschalter
R	Widerstände	einstellbarer Widerstand, Potentiometer, Regelwiderstand, Nebenwiderstand, Heißleiter, Kaltleiter; Festwiderstände; Anlasser; Bremswiderstände; Kaltleiter; Messwiderstände; Shunt
S	Schaltvorrichtungen für Steuerkreise, Wähler	Steuerschalter, Taster, Grenztaster, Wahlschalter, Wähler, Koppelstufe; Befehlsgeräte; Einbaugeräte; Drucktaster; Schwenktaster; Leuchttaster; Steuerquittierschalter; Messstellenumschalter; Steuerwalzen; Kopierwerke; Dekadenwahlschalter; Kodierschalter; Funktionstasten; Wählscheiben; Drehwähler
T	Transformatoren	Spannungswandler, Stromwandler; Netz-, Trenn- und Steuertransfomator

Kennbuchstabe	Art des Betriebsmittels	Beispiele
U	Modulatoren, Umsetzer von elektrischen in andere elektrische Größen	Diskriminator, Demodulator, Frequenzwandler, Kodiereinrichtung, Inverter, Umsetzer, Telegraphenübersetzer; Frequenz-Modulatoren (-Demodulatoren); (Strom-) Spannungs-Frequenzumsetzer, Frequenz-Spannungs- (Strom)-Umsetzer; Analog-Digital-Umsetzer; Digital-Analog-Umsetzer; Signal-Trennstufen; Gleichstrom- und Gleichspannungswandler; Parallel-Serien-Umsetzer; Serien-Parallel-Umsetzer; Code-Umsetzer; Optokoppler; Fernwirkgeräte
V	Röhren, Halbleiter	Elektronenröhre, Gasentladungsröhre, Diode, Transistor, Thyristor; Anzeigeröhren, Verstärkerröhren, Thyratron; HG-Stromrichter; Zenerdioden; Tunneldioden; Kapazitätsdioden; Triac's
W	Übertragungswege, Hohlleiter, Antennen	Schaltdraht, Kabel, Sammelschiene, Hohlleiter; gerichtete Kupplung eines Hohlleiters, Dipol, parabolische Antenne; Lichtleiter; Koaxialleiter; TFH-, UKW-Richtfunk- und HF-Leitungsübertragungswege; Fernmeldeleitungen, Schleifleitungen, Schleifringübertrager
X	Klemmen, Stecker, Steckdosen	Trennstecker und Steckdose, Klemme, Prüfstecker, Klemmleiste, Lötleiste, Zwischenglied, Kabelendverschluss und Kabelverbindung; Koaxstecker; Buchsen; Messbuchsen; Vielfachstecker; Steckverteiler; Rangierverteiler; Kabelstecker; Programmierstecker; Kreuzschienenverteiler; Klinken
Y	elektrisch betätigte mechanische Einrichtung	Bremse, Kupplung, Ventil;Stellantriebe, Hubgeräte; Bremslüfter; Regelantriebe; Sperrmagnete; mechanische Sperren; Motorpotentiometer; Permanentmagnete, Fernschreiber; elektrische Schreibmaschinen; Drucker; Plotter; Bedienungsplattenschreiber; Auslösespulen
Z	Abschlüsse, Gabelübertrager, Filter, Begrenzer,	Kabelnachbildung, Dynamikregler, Kristallfilter; R/C- und L/C-Filter; Funkentstör- und Funkenlöscheinrichtungen; aktive Filter; Hoch-, Tief- und Bandpässe; Frequenzweichen; Dämpfungseinrichtungen

Abb. 3.14 Kennbuchstaben *N* bis *Z* für *elektrische* Betriebsmittel nach DIN 40719-2

Kennbuchstabe	Art der Betriebsmittelgruppe	Beispiele
A	Durchfluss- und Durchsatzbegrenzer	Armatur, Hahn, Klappe, Schieber, Ventil, Berstscheibe, Blende, Düse, Begrenzer
B	Baugruppen für Bauwerks- und Gebäudeabschlüsse	Abdämmung, Abdeckung, Abschliessung, Schott, Tor, Fenster, Jalousie
C	Wärmetauscher	Heizelemente, Berieselungskühler, Heizkörper, Kühler, Konvektor
D	Behälter	Abgleichgefäß, Behälter, Becken, Speicher, Tank
E	Baugruppen für Transport und Hebeeinrichtungen	Förderer, Flaschenzug, Greif- und Hubgeräte, Hubwerk, Winde
F	Baugruppen für Dosierer und Zuteiler	Dosierer, Schnecke, Schaufelrad
G	Baugruppen zur Übertragung und Umsetzung kinetischer Energie	Kupplung, Welle, Getriebe, Kettentrieb, Kraftverstärker, Riementrieb, Rutschkupplung
H	Baugruppen zur Begrenzung kinetischer Energie	Bremse
J	Baugruppen zur Behandlung von Feststoffen	Abkantmaschine, Bearbeitungsmaschine, Brecher, Presse, Paketiermaschine
K	Baugruppen zum Separieren und Trocknen von Stoffen	Abscheider, Absorptionsgerät, Abstreifer, Ausfüllgefäß, Filter, Dekanter, Entgaser, Ionenaustauscher,Katalysator, Magnettrommel, Rechen, Sieb, Trenngerät, Trockner, Verdampfer, Wäscher
L	Baugruppen zur Stoffverbrennung	Brenner, Rost

Kennbuchstabe	Art der Betriebsmittelgruppe	Beispiele
M	nichtelektrische Antriebe	Benzinmotor, Turbine, Dieselmotor, Gasmotor
N	Baugruppen für Stoffmischung	Mischer, Neutralisationsgerät
P	Förderer für flüssige und gasförmige Medien	Abzug, Gebläse, Lüfter, Verdichter, Pumpe
Q	Baugruppen für Halterungen, Unterstützungen, Verkleidungen, Isolierungen, Fundamente	Fundament
R	Baugruppen für Rohrleitungen, Kanäle, Rinnen, Schweißnähte	Rohre, Bögen, Kanäle, Durchdringung, Flansch, Formstück, Redundanzstück, Verbindungen, Verschraubungen, Schweißnähte, Siphon, Stützen
S	war für spätere Normung vorgesehen	
T		
U		
V		
W	war frei verfügbar	
X	Nichtelektrische Messwertgeber, Regler	
Y	Nichtelektrische Prüf-, Mess- und Meldegeräte	
Z	war frei verfügbar	

Abb. 3.15 Kennbuchstaben für *nichtelektrische* Betriebsmittel nach DIN 40719-2

dass die in den Strompfaden A3, A4 und A5 dargestellten Ventilstellgeräte nicht das Betriebsmittelkennzeichen „--A“, sondern das für elektrische Betriebsmittel zutreffende Betriebsmittelkennzeichen „-Y“ tragen, wobei eigentlich die Zuordnung zu nichtelektrischen Betriebsmitteln zu erwarten gewesen wäre. Während Betriebsmittel wie Widerstände, Kondensatoren, Spulen und Relais eindeutig der Gruppe der elektrischen Betriebsmittel zugeordnet werden können, ist die Zuordnung bei Betriebsmitteln, die im Vergleich dazu eine Kombination aus sowohl elektrischen als auch nichtelektrischen Betriebsmitteln bilden, komplizierter. Bezogen auf die in Abb. 3.10 dargestellten Ventilstellgeräte gilt, dass sie aus dem elektrischen Betriebsmittel „Magnetstellantrieb“ sowie dem nichtelektrischen Betriebsmittel „Ventil“ bestehen und somit eine Kombination aus sowohl elektrischem als auch nichtelektrischem Betriebsmittel bilden. Korrekterweise wäre bei solchen Betriebsmittelkombinationen jedes Betriebsmittel für sich zu kennzeichnen. Bei den in Abb. 3.10 dargestellten Ventilstellgeräten müsste demzufolge der Magnetstellantrieb mit dem Betriebsmittelkennzeichen „-Y“ und das Ventil mit dem Betriebsmittelkennzeichen „--A“ versehen werden. Um die Betriebsmittelkennzeichnung jedoch überschaubar zu halten, wird die Kombination der Betriebsmittel wie ein einziges Betriebsmittel betrachtet und das Betriebsmittelkennzeichen – wenn möglich – aus den in Abb. 3.13 bzw. Abb. 3.14 enthaltenen Tabellen mit Kennbuchstaben für *elektrische* Betriebsmittel ausgewählt, weil im EMSR-Stellenplan die Einbindung dieser Betriebsmittel in die Automatisierungsanlage vorrangig aus elektrotechnischer Sicht darzustellen ist. Für die exemplarisch betrachteten Ventilstellgeräte ergibt sich daraus, dass bei der Darstellung im EMSR-Stellenplan sinnvollerweise das Betriebsmittelkennzeichen „-Y“ zu verwenden ist. Für den Fall, dass die in Abb. 3.13 bzw. Abb. 3.14 dargestellten Tabellen für ein aus mehreren einzelnen Betriebsmitteln zusammengesetztes Betriebsmittel keinen passenden Kennbuchstaben als Betriebsmittelkennzeichen enthalten, ist im EMSR- bzw. PCE-Stellenplan jedes dieser einzelnen Betriebsmittel, aus denen das betreffende Betriebsmittel besteht, separat zu kennzeichnen. Dies trifft z. B. für die Betriebsmittelkennzeichnung elektrisch angetriebener Pumpen zu, sofern sowohl deren Antriebsmotor als auch Pumpe selbst mit entsprechenden Symbolen im EMSR- bzw. PCE-Stellenplan dargestellt werden sollen. Im Allgemeinen beschränkt man sich im vorliegenden Fall jedoch darauf, im EMSR- bzw. PCE-Stellenplan lediglich den Antriebsmotor darzustellen, weil dort vor allem interessiert, wie Betriebsmittel *elektrisch* miteinander verbunden sind. Diese Denkweise ist auf analoge Fälle übertragbar.

Zusammenfassende Beispiele zur Betriebsmittelkennzeichnung
Abschließend werden beispielhaft die vollständigen Betriebsmittelkennzeichnungen für die im Strompfad A4 bzw. B4 dargestellten Betriebsmittel (vgl. Abb. 3.10) angegeben. Das im Strompfad A4 dargestellte Betriebsmittel ist ein Ventilstellgerät, dessen vollständige Betriebsmittelkennzeichnung daher =B1. HSO2+Feld-Y2 lautet. (der Kennzeichnungsblock für den Aufstellungsort wurde hierbei nicht mit genutzt). Für das im Strompfad B4 dargestellte Relais lautet die vollständige Betriebsmittelkennzeichnung =B1.HSO2+S2.C-K2 (der Kennzeichnungsblock für den Aufstellungsort wurde hierbei ebenfalls nicht genutzt). In beiden Fällen wurde in Abb. 3.10 bezüglich der übergeordneten Kennzeichnung von der bereits erläuterten Schreibweise Gebrauch gemacht.

3.2.3 Anschlusskennzeichnung

Die Anschlusskennzeichnung wird durch Anfügen des Kennzeichnungsblocks „Anschluss" an die Betriebsmittelkennzeichnung gebildet. Dem Kennzeichnungsblock „Anschluss" wird dabei das Vorzeichen „:" vorangestellt (vgl. Tab. 3.2). Dieses Vorzeichen kann – wie aus Abb. 3.10 zu entnehmen ist – abhängig von den Gegebenheiten des jeweils zu bearbeitenden Projekts auch weggelassen werden. Das Prinzip der ausführlichen Anschlusskennzeichnung zeigt Tab. 3.2. Im EMSR-Stellenplan wird häufig aus Platzgründen statt der ausführlichen Anschlusskennzeichnung nur der Kennzeichnungsblock „Anschluss" zur alleinigen Anschlusskennzeichnung verwendet.

3.2.4 Signalkennzeichnung

Mit Blick auf die Dokumentation der Signalverarbeitung in Steuerungen bzw. Regelungen – ob konventionell oder mit speicherprogrammierbarer Technik

Tab. 3.2 Anschlusskennzeichnung im EMSR- bzw. PCE-Stellenplan – Prinzip

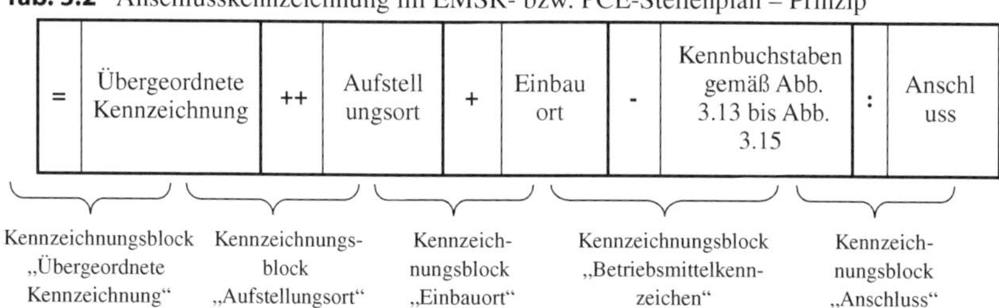

=	Übergeordnete Kennzeichnung	++	Aufstell ungsort	+	Einbau ort	-	Kennbuchstaben gemäß Abb. 3.13 bis Abb. 3.15	:	Anschl uss

Tab. 3.3 Signalkennzeichnung im EMSR- bzw. PCE-Stellenplan – Prinzip

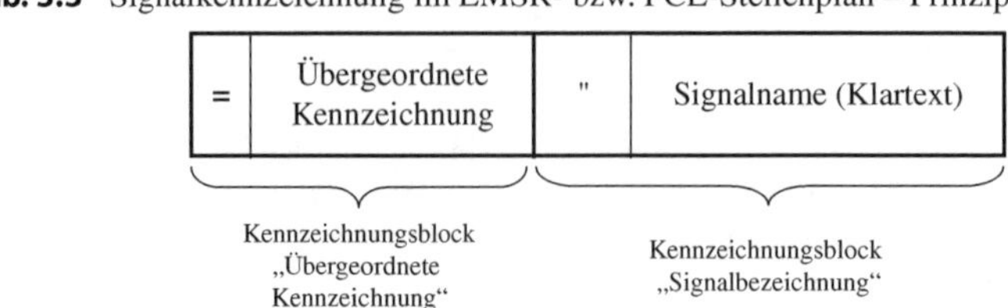

realisiert – werden in EMSR- bzw. PCE-Stellenplänen Verbindungslinien als Übertragungswege von Signalen aufgefasst. An diese Verbindungslinien können – wo zweckmäßig – Signalkennzeichnungen entsprechend Tab. 3.3 angetragen werden (vgl. hierzu auch Abb. 3.10). Im EMSR- bzw. PCE-Stellenplan wird häufig nur der Kennzeichnungsblock „Signalname (Klartext)“ mit dem Vorzeichen " zur alleinigen Signalkennzeichnung verwendet.

3.2.5 Zusammenfassung zur Betriebsmittel-, Anschluss- bzw. Signalkennzeichnung

Abb. 3.16 zeigt in Anlehnung an DIN 40719-2 [8] überblicksartig, welche Kombinationen von Kennzeichnungsblöcken sich jeweils bei Betriebsmittel-, Anschluss- bzw. Signalkennzeichnung bewährt haben.

3.2.6 Potenziale bzw. Querverweise

Nach Erläuterung von Betriebsmittel- bzw. Anschlusskennzeichnung folgen nun Ausführungen zu den in Abb. 3.10 dargestellten Potentialen und Querverweisen, mit denen man EMSR- bzw. PCE-Stellenpläne übersichtlich gestalten kann.

Potentiale ermöglichen, Stromkreise blattübergreifend und dabei zugleich übersichtlich darzustellen. Um Potentiale im EMSR- bzw. PCE-Stellenplan eindeutig voneinander unterscheiden zu können, werden sie – wie Abb. 3.10 beispielhaft zeigt – mit einer Kennzeichnung versehen. Diese Kennzeichnung kann aus einer z. B. der Betriebsmittelkennzeichnung angelehnten Kennzeichnung bestehen, die in jedem Fall durch den nachfolgend erläuterten Querverweis zu ergänzen ist.

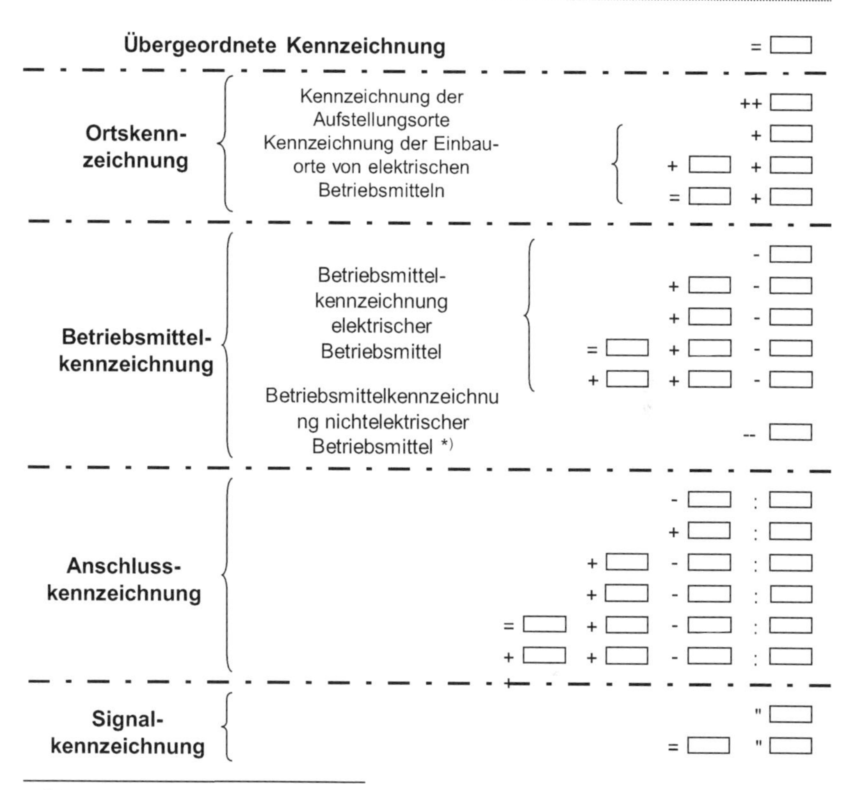

Abb. 3.16 *Bewährte* Kombinationen von Kennzeichnungsblöcken für jeweils Betriebsmittelkennzeichnung, Anschlusskennzeichnung bzw. Signalkennzeichnung

Querverweise ermöglichen ähnlich wie Potentiale, Stromkreise blattübergreifend und dabei zugleich übersichtlich darzustellen. Querverweise werden benötigt, wenn gleiche Potentiale oder Bauteile von Betriebsmitteln (z. B. Spule sowie Kontakte eines Relais) auf verschiedenen Zeichnungsblättern dargestellt werden sollen. Wird beispielsweise das gleiche Potential auf mehreren Zeichnungsblättern gleichzeitig verwendet, so werden darin jeweils an den Enden der jeweiligen Potentiallinie mit einem Querverweis der Ursprungsort (Wo kommt das Potential her?) bzw. Zielort (Wo führt das Potential hin?) angegeben (vgl. Abb. 3.10). Ähnliches gilt für Relais, wenn die Verdrahtung der Relaisspule getrennt von der Verdrahtung der Relaiskontakte auf verschiedenen Blättern darzustellen ist. In diesem Fall werden die Querverweise in den betreffenden Zeichnungsblättern an die Relaisspule bzw. die -kontakte angetragen.

Tab. 3.4 Prinzip der Unterlagenkennzeichnung

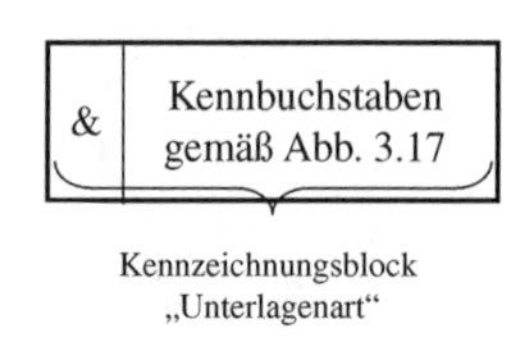

Wie Abb. 3.10 zeigt, können Querverweise ähnlich wie Potentialbezeichnungen aufgebaut werden, d. h. sie setzen sich z. B. aus einer dem Kennzeichnungsblock „Übergeordnete Kennzeichnung“ angelehnten Kennzeichnung – verbunden durch die Vorzeichen „/“ sowie „.“ – einer Zeichnungsblattnummer und einer Strompfadangabe zusammen. Der in Abb. 3.10 markierte Querverweis =.HSO1/1.8B am Potential =STRVG-S2.PE ist somit wie folgt zu interpretieren: Das Potential entstammt laut übergeordneter Kennzeichnung „=.HSO1“ Teilanlage „B1“[11], Anlagenteil „HSO1“[12]. Die übrigen Angaben des Querverweises sagen aus, dass sich der Ursprungsort dieses Potentials auf Blatt 1, Strompfad „8B“ befindet.

3.2.7 Unterlagenkennzeichnung

DIN 40719-2 [8] beinhaltet neben Regeln für die Betriebsmittel-, Anschluss- sowie Signalkennzeichnung (vgl. Abschn. 3.2.2 bis 3.2.4) auch Festlegungen für die Unterlagenkennzeichnung. Diese Kennzeichnung ist zwar für EMSR- bzw. PCE-Stellenpläne von eher untergeordneter Bedeutung – mit Blick auf den Übergang von DIN 40719-2 zu DIN EN 81346-2 soll hier dennoch kurz darauf eingegangen werden.

Nach DIN 40719-2 hat die Unterlagenkennzeichnung den in Tab. 3.4 dargestellten Aufbau.

Hierbei ist zu beachten, dass im Gegensatz zur Betriebsmittel-, Anschluss- sowie Signalkennzeichnung bei der Unterlagenkennzeichnung der Kennzeichnungsblock „Übergeordnete Kennzeichnung“ nicht benutzt wird.

Um Dokumente strukturiert ablegen und dadurch schneller wieder auffinden zu können, ordnet man sie Unterlagenartengruppen zu und benutzt hierfür die in Abb. 3.17 angegebenen Kennbuchstaben.

---

[11]Der Punkt nach dem Gleichheitszeichen wurde durch die entsprechende Angabe aus der übergeordneten Kennzeichnung ersetzt, die dem Zeichnungsblatt zugewiesen wurde (siehe entsprechende Markierung in Abb. 3.10).

[12]Ohne die Allgemeinheit einschränken zu wollen, wird hier vorausgesetzt, dass bei der übergeordneten Kennzeichnung lediglich die letzten beiden Gliederungsstufen nach Abb. 3.11 verwendet werden.

Kennbuchstabe	Unterlageartengruppen	Beispiele
A	Verzeichnisse	Titelblatt, Unterlagenverzeichnis
B	übergeordnete Unterlagen	Erläuterung Schaltungsunterlagen und Betriebsmittel-Kennzeichnung; Blockschema, Auslöseschema; Kurzschluss- bzw. Spannungsfallrechnung;
C	war frei verfügbar	
D	Anordnungsunterlagen (Anlage)	Lageplan, Gebäudeplan; Trassenplan; Einplanungsvorgaben; Erschließungsunterlagen; Transport- und Montageplan; Unterflurplan; Trassenplan; Grundwasser-/Wasserschutzanlagen; Schallschutzanlagen, Gesamtanlage; Lageplan; Dispositionsplan 1:100, Trassenplan; Vermessungsunterlagen; Einplanungsvorgeben
E	Anlagenschutz und Objektschutzunterlagen	Erdschutz, Blitzschutz, EMV; Fluchtweg-, Brandschutzunterlagen; Objektschutzunterlagen; Strahlungsschutzunterlagen; Sicherheitstechnische Auslegungsunterlagen; Vorgaben Aggregateschutz
F	Dimensionierungs- und Funktionsunterlagen	Funktionsplan, Funktionsbeschreibung; Kennblätter für Mess-, Regel- und Schutzkreise; Baubeschreibungen; bautechnische Systembeschreibungen, Wärmeschaltplan; Anlagenübersichtsschaltplan; Systemschaltplan, Systembeschreibungen, Unterlagen Systemauslegung; Vorgaben Komponentenauslegung
G	Erd- und Grundbauarbeiten	Aushubplan, Gründungsplan; Erd- und Grundbauplan; Gebäudeisolierungsunterlagen
H	Rohrbauausführungsunterlagen	Belastungsplan, Bewehrungsplan; Schalplan; Stahlbaupläne; Statik-Unterlagen; Werkpläne Verankerung, Dübel, Fundament

Kennbuchstabe	Unterlageartengruppen	Beispiele
J	Ausbauausführungsunterlagen	Bauangaben; Installationsplan, Ausbaupläne, Ausbauübersicht, Innenausbau; Ausbauwerkpläne Anstrich, Beschichtung, Sanitärinstallation; Mauerwerk-, Setzsteinplan; Begrünungs-, Einfriedungsplan
K	Konstruktionsunterlagen	Portale, Tragegerüste, Unterkonstruktion, Konstruktionsgruppen für Fertigung und Montage, Montageteile Fertigteil-Montage; Fertigungs-, Zusammenstellungsunterlagen
L	Material-Bedarfslisten	
M, N	war frei verfügbar	
P	Progr.-unterlagen	System-Software; Anwender-Software
Q	Unterlagen für Hydraulik und Pneumatik	Gas-, Drucklift-, Hydraulikplan
R	frei verfügbar	
S	Schaltungsunterlagen	Übersichtsschaltplan; Stromlaufplan;
T	Prüfbescheinigungen	
U	Anordnungsunterlagen (Baueinheiten)	Bestückungs-, Anordnungsplan
V	Verdrahtungsunterlagen	Anschlussplan; Geräteverdrahtungsplan, -liste
W	Verbindungsunterlagen	Unterlagen für Kabelverlegung, Kabelliste Rohrleitungsplan
X	Komponenten-, Geräteunterlagen	Maßbild; Datenblatt; Innenschaltplan;
Y	Gerätelisten	Gerätezusammenstellungen, Ersatzteilliste;
Z	Unterlagen für Projektsteuerung	Terminplanung und Überwachg.; Schulung;

Abb. 3.17 Kennbuchstaben für die Unterlagenkennzeichnung nach DIN 40719-2

3.3 Referenzkennzeichnung – Übergang von DIN 40719-2 zu DIN EN 81346-2

3.3.1 Prinzipielles

Im Unterschied zu DIN 40719-2 betrachtet DIN EN 81346-2 Objekte – u. a. elektrische Betriebsmittel[13] – unter folgenden Aspekten:

- Funktionsaspekt,
- Produktaspekt,
- Ortsaspekt.

Diese Aspekte drücken sich im Aufbau des Referenzkennzeichens in der in Tab. 3.5 dargestellten Weise aus.

Das Referenzkennzeichen bildet zusammen mit dem vorangestellten Teil „Gemeinsame Zuordnung" und dem nachgestellten Teil „Spezifisches Kennzeichen" nach DIN ISO/TS 81346-3 [13] den sogenannten Identifikator, dessen Aufbau später im Abschn. 3.3.2 genauer erläutert wird.

Tab. 3.5 zeigt, dass sich die Kennzeichnung von Betriebsmitteln nach DIN 40719-2 *prinzipiell* nicht von der Referenzkennzeichnung nach DIN EN 81346-2 unterscheidet. Somit kann *prinzipiell* auch die Systematik nach Abb. 3.16 weiterhin zugrundegelegt werden. Unterschiede zwischen DIN 40719-2 und DIN EN 81346-2 bestehen im Detail (z. B. Verdopplung des Vorzeichens im Funktionsaspekt, andere Systematik bei der Verwendung von Kennbuchstaben). Diese Unterschiede werden anschließend im Abschn. 3.3.2 erläutert. Zuvor wird mit Abb. 3.18 ergänzend zu Abschn. 3.1 noch ein kurzer Überblick des Entwicklungsweges von Normenreihe DIN 40719 zu Normenreihe DIN 81346 gegeben werden, soweit es EMSR- bzw. PCE-Stellenplan betrifft.

Aus Abb. 3.18 wird ersichtlich, welche Normen zurückgezogen und durch andere (teilweise auch bereits wieder zurückgezogene) Normen ersetzt worden sind. Auf diese Weise ergibt sich ein Überblick der Entwicklungshistorie bzgl. der Normenreihen DIN 40719, DIN 6779 bzw. DIN EN 81346. Dieser Überblick

[13]Ein elektrisches Betriebsmittel ist nach DIN ISO/TS 81346-3 ein „Produkt das zum Zweck der Erzeugung, Umwandlung, Übetragung, Verteilung oder Anwendung von elektrischer Energie benutzt wird, z. B. Maschinen, Transformatoren, Schaltgeräte oder Steuergeräte, Messgeräte, Schutzeinrichtungen, Kabel und Leitungen, elektrische Verbrauchsmittel" [13].

Tab. 3.5 Abbildung von Funktions-, Orts- sowie Produktaspekt in Referenzkennzeichen nach DIN EN 81346-2

Aspekt	Bedeutung	Vorzeichen
Funktionsaspekt	Was tut das Objekt in der Anlage?	=
Ortsaspekt	Wo befindet sich das Objekt?	+
Produktaspekt	Wie ist das Objekt zusammengesetzt?	–

trägt gleichzeitig dazu bei, die Übersicht darüber zu behalten, welche Normen im hier betrachteten Kontext zur Zeit gelten.

3.3.2 Unterschiede zwischen Kennzeichnung von Betriebsmitteln nach DIN 40719-2 und Referenzkennzeichnung nach DIN EN 81346-2

Für Basic-Engineering, Detail-Engineering, Schaltschrank-Fertigung, Montage und Inbetriebsetzung, Anlagenbetrieb sowie -instandhaltung werden für alle Fachgebiete, d. h. nicht nur für Elektrotechnik sondern z. B. auch für Elektropneumatik und Verfahrenstechnik und somit fachübergreifend anwendbare Regeln für die Referenzkennzeichnung benötigt. Dies konnte DIN 40719-2 nicht leisten und wurde daher in der Vergangenheit schrittweise durch andere Normen abgelöst (vgl. hierzu Abschn. 3.1 bzw. Abb. 3.18). Vorläufiger Schlusspunkt dieses Übergangs ist die seit 2010 geltende Norm DIN EN 81346-2 [9].

Obwohl sich – wie bereits im Abschn. 3.3.1 ausgeführt – die Betriebsmittelkennzeichnung nach DIN 40719-2 *prinzipiell* nicht von der Referenzkennzeichnung nach DIN EN 81346-2 unterscheidet, bestehen Unterschiede im Detail (z. B. Verdopplung des Vorzeichens im Funktionsaspekt, andere Systematik bei der Verwendung von Kennbuchstaben).

Abb. 3.19 zeigt den Aufbau des Identifikators nach DIN EN 81346-3 [13], dessen Herzstück das Referenzkennzeichen ist.

Die nun folgenden Betrachtungen konzentrieren sich auf das Referenzkennzeichen (vgl. diesbezügliche Darstellung in Abb. 3.19). Im Unterschied zu DIN 40719-2 soll nun schon im Funktionsaspekt mit normativ in DIN EN 81346-2 festgelegten Kennbuchstaben klassifiziert werden. Hierfür gilt nach DIN EN 81346-2 die in Abb. 3.20 dargestellte Systematik.

Dokument	Benennung	Status	Nachfolgedokument/Kommentar
DIN 40719-2	Schaltungsunterlagen; Kennzeichnung von Betriebsmitteln, Signalen und Dokumenten	zurückgezogen	DIN 6779-1 (1991-06)
DIN 6779-1 (1991-06)	Kennzeichnungssystematik für technische Produkte und technische Produktdokumentation - Teil 1: Grundlagen	zurückgezogen	DIN 6779-1 (1995-07) sowie DIN 6779-2 (1995-07)
DIN 6779-1 (1995-07)	Kennzeichnungssystematik für technische Produkte und technische Produktdokumentation - Teil 1: Grundlagen	zurückgezogen	DIN ISO/TS 16952-1 (2007-03)
DIN 6779-2 (1995-07)	Kennzeichnungssystematik für technische Produkte und technische Produktdokumentation - Teil 2: Kennbuchstaben - Hauptklassen und Unterklassen für Zweck oder Aufgabe von Objekten	zurückgezogen	Norm basiert auf DIN EN 61346-2 und ergänzt diese. Nach Übernahme der Ergänzungen in überarbeitete Norm DIN 61346-2 wurde DIN 6779-2 im Jahr 2007 zurückgezogen. Nachdem überarbeitete Norm DIN 61346-2 im Jahr 2010 zurückgezogen wurde, wird Anwendung von DIN EN 81346-2 (2010-05) empfohlen.
DIN 6779-10	Kennzeichnungssystematik für technische Produkte und technische Produktdokumentation - Teil 10: Kraftwerke	zurückgezogen	DIN ISO/TS 16952-10 (2010-01)
DIN 6779-11	Kennzeichnungssystematik für technische Produkte und technische Produktdokumentation - Teil 11: Schiffe und Meerestechnik	zurückgezogen	Norm wurde ersatzlos zurückgezogen!
DIN 6779-12 (2011-08)	Kennzeichnungssystematik für technische Produkte und technische Produktdokumentation - Teil 12: Bauwerke und technische Gebäudeausrüstung	aktuell	
DIN 6779-13 (2003-06)	Kennzeichnungssystematik für technische Produkte und technische Produktdokumentation - Teil 13: Chemieanlagen	aktuell	
DIN ISO/TS 16952-1 (2007-03)	Technische Produktdokumentation - Referenzkennzeichensystem - Teil 1: Allgemeine Anwendungsregeln (ISO/TS 16952-1:2006)	zurückgezogen	DIN ISO/TS 81346-3 (2013-09)
DIN ISO/TS 16952-10 (2010-01)	Technische Produktdokumentation - Referenzkennzeichensystem - Teil 10: Kraftwerke (ISO/TS 16952-10:2008)	zurückgezogen	DIN ISO/TS 81346-10 (2016-05)
DIN EN 61346-1	Industrielle Systeme, Anlagen und Ausrüstungen und Industrieprodukte - Strukturierprinzipien und Referenzkennzeichnung - Teil 1: Allgemeine Regeln (IEC 61346-1:1996); Deutsche Fassung EN 61346-1:1996	zurückgezogen	DIN EN 81346-1 (2010-05)
DIN EN 61346-2	Industrielle Systeme, Anlagen und Ausrüstungen und Industrieprodukte - Strukturierprinzipien und Referenzkennzeichnung - Teil 2: Klassifizierung von Objekten und Kodierung von Klassen (IEC 61346-2:2000); Deutsche Fassung EN 61346-2:2000	zurückgezogen	DIN EN 81346-1 (2010-05)
DIN EN 81346-1 (2010-05)	Industrielle Systeme, Anlagen und Ausrüstungen und Industrieprodukte - Strukturierprinzipien und Referenzkennzeichnung - Teil 1: Allgemeine Regeln (IEC 81346-1: 2009); Deutsche Fassung EN 81346-1:2009	aktuell	
DIN EN 81346-2 (2010-05)	Industrielle Systeme, Anlagen und Ausrüstungen und Industrieprodukte - Strukturierprinzipien und Referenzkennzeichnung - Teil 2: Klassifizierung von Objekten und Kennbuchstaben für Klassen (IEC 81346-1: 2009); Deutsche Fassung EN 81346-1:2009	aktuell	Ablösung durch Entwurf der Norm DIN EN 81346-2 (2017-08) geplant!
Entwurf DIN EN 81346-2 (2017-08)	Industrielle Systeme, Anlagen und Ausrüstungen und Industrieprodukte - Strukturierprinzipien und Referenzkennzeichnung - Teil 2: Klassifizierung von Objekten und Kennbuchstaben für Klassen (IEC 3/1305/CDV:2017); Deutsche Fassung prEN 81346-2:2017)	Entwurf	Achtung: Im Vergleich zu DIN EN 81346-2 (2010-05) werden die Kennbuchstaben für die Objektklassen zwar beibehalten, jedoch die Definitionen teilweise angepasst! Ferner arbeitet man statt mit einem zweistufigen dann mit einem dreistufigen Buchstabencode!
DIN ISO/TS 81346-3 (2013-09)	Industrielle Systeme, Anlagen und Ausrüstungen und Industrieprodukte - Strukturierprinzipien und Referenzkennzeichnung - Teil 3: Anwendungsregeln für ein Referenzkennzeichensystem (ISO/TS 81346-3:2012)	aktuell	
DIN ISO/TS 81346-10 (2016-05)	Industrielle Systeme, Anlagen und Ausrüstungen und Industrieprodukte - Strukturierprinzipien und Referenzkennzeichnung - Teil 10: Kraftwerke (ISO/TS 81346-10:2015)	aktuell	

Abb. 3.18 Weg der Normenreihe DIN 40719 zur Normenreihe DIN EN 81346

<table>
<tr><td rowspan="3">Vorzeichen</td><td rowspan="3">#</td><td rowspan="3">==</td><td rowspan="3">=</td><td rowspan="3">++</td><td rowspan="3">+</td><td rowspan="3">- -</td><td rowspan="3">-</td><td>:</td><td>DIN 40719-2: Anschlusskennzeichnung
DIN ISO/TS 81346-3: Anschlusskennzeichnung</td></tr>
<tr><td>“
;</td><td>DIN 40719-12: Signalkennzeichnung
DIN ISO/TS 81346-3: Signalkennzeichnung</td></tr>
<tr><td>&</td><td>DIN 40719-2: Unterlagenkennzeichnung
DIN ISO/TS 81346-3: Dokumentenkennzeichnung</td></tr>
<tr><td rowspan="3">Verwendung in DIN 40719-2</td><td rowspan="3">nicht benutzt</td><td rowspan="3">nicht benutzt</td><td colspan="5">Kennzeichnung von Betriebsmitteln</td><td colspan="2" rowspan="3">Anschluss-, Signal sowie Unterlagenkennzeichnung (Kombinationen mit anderen Kennzeichnungsblöcken siehe Bild 3-16)</td></tr>
<tr><td rowspan="2">übergeordnete Kennzeichnung</td><td colspan="2">Ortskennzeichnung</td><td colspan="2">Betriebsmittelkennzeichen für Betriebsmittel</td></tr>
<tr><td>Aufstellungsort</td><td>Einbauort</td><td>nichtelektrisch</td><td>elektrisch</td></tr>
<tr><td rowspan="4">Verwendung in DIN EN 81346-2</td><td colspan="9">Aufbau des Identifikators nach DIN ISO/TS 81346-3</td></tr>
<tr><td>optional</td><td colspan="6">Referenzkennzeichen (zwingend erforderlich)</td><td colspan="2">spezifisches Kennzeichen (wenn erforderlich)</td></tr>
<tr><td rowspan="2">gemeinsame Zuordnung</td><td colspan="2">Funktionsaspekt</td><td colspan="2">Ortsaspekt</td><td colspan="2">Produktaspekt</td><td colspan="2" rowspan="2">Anschluss-, Signal sowie Dokumentenkennzeichnung (Kombination mit Kennzeichnungsblöcken „Gemeinsame Zuordnung“ und „Referenzkennzeichen“ <u>oder</u> nur mit Kennzeichnungsblock „Referenzkennzeichen“ möglich)</td></tr>
<tr><td>übergeordneter Aspekt</td><td>untergeordneter Aspekt</td><td>Aufstellungsort</td><td>Einbauort</td><td>übergeordneter Aspekt</td><td>untergeordneter Aspekt</td></tr>
</table>

Abb. 3.19 Aufbau des Identifikators nach DIN EN 81346-3 [13] und Vergleich mit DIN 40719-2

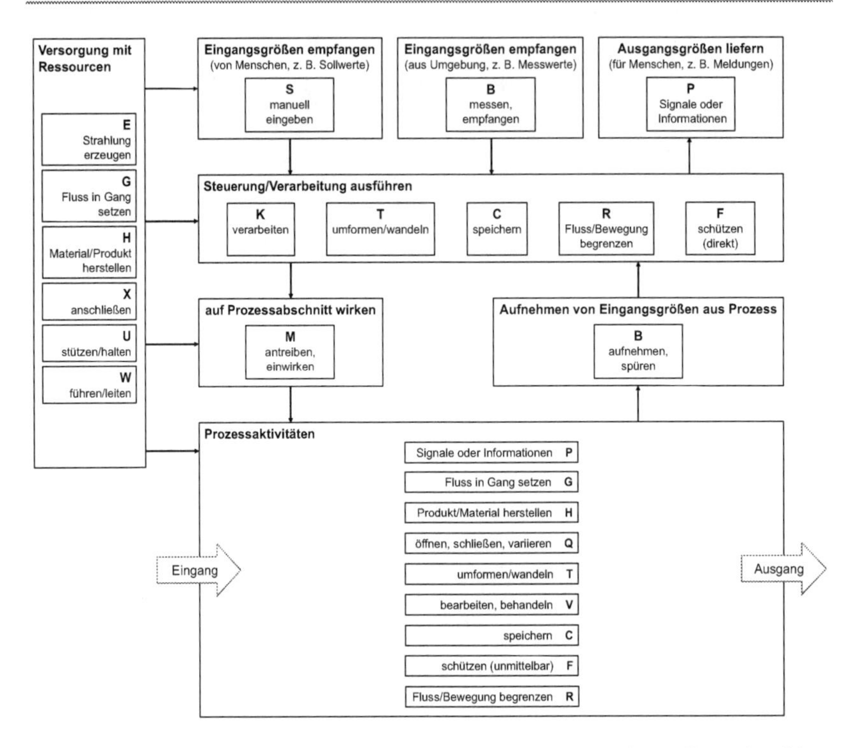

Abb. 3.20 Systematik der Kennbuchstaben für Objektklassen (eines allgemeingültigen Prozesses) nach DIN EN 81346-2 [9]

Aus dieser Systematik werden gleichzeitig gravierende Unterschiede bei der Verwendung von Kennbuchstaben zwischen DIN 40719-2 sowie DIN EN 81346-2 ersichtlich:

- Kennbuchstaben, die nach DIN 40719-2 bisher für die Art des Betriebsmittels verwendet wurden (vgl. Abb. 3.13, 3.14 und 3.15), d. h. in der Denkweise nach DIN EN 81346-2 nun also im Zusammenhang mit dem Produktaspekt stehen, werden in DIN EN 81346-2 für die Klassifizierung im Funktionsaspekt verwendet. Sie klassifizieren daher im Gegensatz zu DIN 40719-2 statt der Art von Bauteilen deren Funktion.
- Bestimmte Betriebsmittel – wie z. B. Induktivitäten oder Dioden – werden nunmehr anderen Kennbuchstaben zugeordnet (vgl. Abb. 3.21). Was zunächst im Sinne von DIN EN 81346-2 zweifellos konsequent erscheint, ist bei Anwendung ziemlich gewöhnungsbedürftig und könnte ein wesentlicher Grund dafür sein, dass sich diese Norm eher zögerlich durchzusetzen scheint.

Betriebsmittel	Kennbuchst. nach DIN 40719-2	Kennbuchst. nach DIN EN 81346-2
Baugruppe/Teilbaugruppe	A	A
Umsetzer nichtelektrische Größen auf elektrische Größen und umgekehrt	B	T, B (?),
Kondensator	C	C
Flipflop	D	K, C (?)
Heizung, Beleuchtung	E	E
Sicherung	F	F
Generator	G	G
Frequenzumrichter	G	T
Gleichrichter	G	T
Meldeeinrichtung	H	P
Schaltelais	K	K
Induktivität (z. B. Drosselsp.)	L	R
Elektromotor	M	M
Operationsverstärker	N	K, T (?)
Mess- und Prüfeinrichtung	P	P
Starkstromschaltgeräte	Q	Q

Kennbuchstaben „I“, „J“ sowie „O“ werden nicht verwendet!

Kennbuchstaben „D“, „I“ „J“, „O“, „Y“ sowie „Z“ werden nicht verwendet!

Betriebsmittel	Kennbuchst. nach DIN 40719-2	Kennbuchst. nach DIN EN 81346-2
Widerstand	R	R
Schalter, Taster	S	S
Transformator	T	T
Umsetzer zwischen elektrischen Größen	U	T
Frequenzwandler	U	T
Diode	V	R
Transistor, Elektronenröhre	V	K
Leistungstransistor, Thyristor	V	Q
LED	V	P
Leiter, Kabel	W	W
Antenne	W	T
Klemme, Klemmenleiste	X	X
Elektrische betätigte mechanische Stelleinrichtung	Y	M
Begrenzer	Z	R
Filter	Z	K

Kennbuchstaben „D“, „I“ „J“, „O“, „Y“ sowie „Z“ werden nicht verwendet!

Abb. 3.21 Vergleich der Zuordnung von Kennbuchstaben für ausgewählte elektrische Betriebsmittel nach DIN 40719-2 sowie DIN EN 81346-2. (in Anlehnung an Internetlink www.elektronik-kompendium.de/sites/slt/1204031.htm, letzter Abruf am 08.11.2017)

Aus Abb. 3.21 ist zu entnehmen, bei welchen Kennbuchstaben die gravierendsten Änderungen auftreten. Ferner ist aus den Tabellenfeldern, die ein in Klammern stehendes Fragezeichen enthalten, ersichtlich, dass bestimmte Betriebsmittel noch nicht eindeutig einem Kennbuchstaben zugeordnet werden können, also Inkonsistenzen bestehen. Daher wird DIN EN 81346-2 zur Zeit überarbeitet – der entsprechende Entwurf wurde im August 2017 veröffentlicht und zur Diskussion gestellt.

Die in Abb. 3.20 aufgeführten Kennbuchstaben bezeichnen Objektklassen (Hauptklassen) und können – falls erforderlich – durch Unterklassen, die mit entsprechenden und in DIN EN 81346-2 angegebenen Kennbuchstaben verbunden sind, ergänzt werden. Tab. 3.6 zeigt hierzu typische Beispiele. Hinsichtlich

Tab. 3.6 Typische Beispiele der Kombination von Kennbuchstaben für Objektklassen (Hauptklassen) mit Kennbuchstaben für Unterklassen

Kombination	Beispiele für Komponenten
BE	Messwandler
BF	Messung Durchfluss
BG	Messung Abstand, Stellung, Länge
BP	Messung Druck
BS	Messung Drehzahl, Geschwindigkeit, Beschleunigung
BT	Messung Temperatur
CA	Kondensator
CM	Akkumulator
CC	Speicherbatterie
EM	Heizkessel, Brenner
FA	Überspannungsableiter
FB	Fehlerstromschutzschalter
FC	Leitungsschutzschalter
GA	Dynamo, Generator
GB	Batterie, Trockenzellen-Batterie, Brennstoffzelle
HW	Kneter, Mischer
KF	Analogschaltkreis (Analogbaustein), Binärelement, Ein-/Ausgabebaugruppe
KH	Ventilstellungsregler (Stellungsregler für Armaturen)
MA	Elektromotor (elektromotorischer Antrieb)

(Fortsetzung)

Tab. 3.6 (Fortsetzung)

Kombination	Beispiele für Komponenten
MB	Elektromagnet (elektromagnetischer Antrieb)
PG	Schauglas
QA	Leistungsschalter, Schütz, Motoranlasser
QB	Lasttrennschalter
RA	Diode, Drossel, Widerstand
SF	Sollwerteinsteller, Schalter
TA	DC/DC-Wandler, Frequenzwandler, Transformator
TF	Antenne, Verstärker, elektrischer Messumformer
UH	(Schalt-) Schrank
VP	Glühofen
WG	Steuerkabel (Leittechnikkabel)
XD	Klemme, Klemmenleiste

Klassifizierung von Batterien ist nach DIN EN 81346-2 folgender Hinweis zu beachten: Sind Speicherbatterien gemeint, werden sie der Objektklasse „C" zugeordnet – „Als Quelle zur Energieversorgung angesehene Batterien sind der Hauptklasse G zugeordnet." [9]. Auch um diesen Hinweis überflüssig zu machen, wird DIN EN 81346-2 zur Zeit überarbeitet (s. o).

Das Referenzkennzeichnen nach DIN EN 81346-2 kann in gleicher Weise wie nach DIN 40719-2 durch Anschluss-, Signal- bzw. Dokumentenkennzeichnung (vgl. Abschn. 3.2.3, 3.2.4 sowie 3.2.6) ergänzt werden.

Die Betrachtungen abrundend, zeigt Abb. 3.22 den EMSR-Stellenplan nach Abb. 3.10 mit den nach DIN EN 81346-2 geltenden Kennbuchstaben für den Produktaspekt.

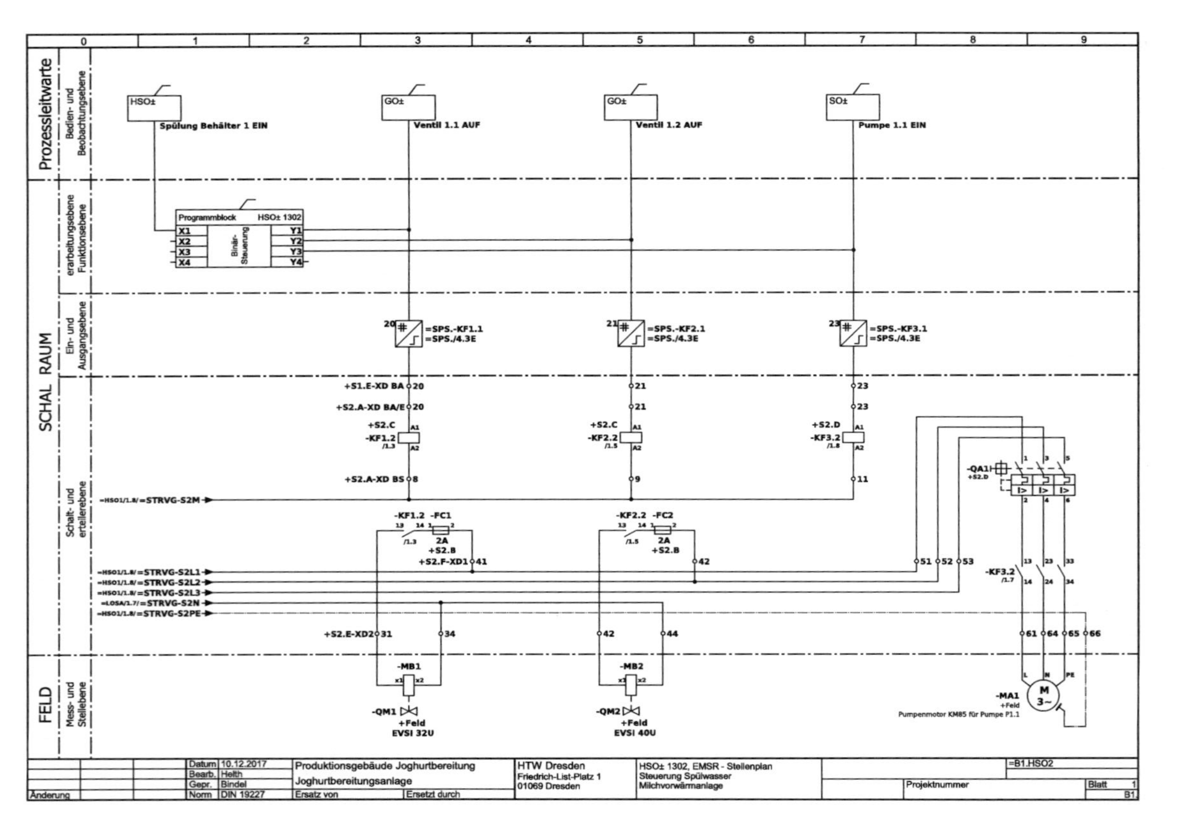

Abb. 3.22 EMSR-Stellenplan der EMSR-Stelle HSO± 1302 mit Referenzkennzeichen nach DIN EN 81346-2

4 Zusammenfassung

Für Basic-Engineering, Detail-Engineering, Schaltschrank-Fertigung, Montage und Inbetriebsetzung sowie Anlagenbetrieb und -instandhaltung werden für typische Fachgebiete, d. h. nicht nur für Elektrotechnik sondern zum Beispiel auch für Elektropneumatik und Verfahrenstechnik und somit fachübergreifend anwendbare Regeln für die Referenzkennzeichnung der Betriebsmittel benötigt. Dies konnte DIN 40719-2 nicht durchgängig leisten und wurde daher in der Vergangenheit schrittweise durch andere Normen abgelöst. Vorläufiges Ergebnis dieses Übergangs ist die seit 2010 geltende Norm DIN EN 81346-2. Auf die in EMSR- bzw. PCE-Stellenplänen zu verwendende Symbolik hat dies keine Auswirkungen, denn hierfür ist weiterhin DIN 19227-2 anzuwenden.

Da in EMSR-Stellenplänen bereits existierender Anlagen Betriebsmittel häufig noch nach DIN 40719-2 gekennzeichnet wurden, stehen Anwender vor der Herausforderung, diese Norm nach wie vor verstehen zu müssen, für Neuanlagen in EMSR- bzw. PCE-Stellenplänen zur Referenzkennzeichnung jedoch statt DIN 40719-2 die sich eher zögerlich durchsetzende DIN EN 81346-2 anzuwenden. Das vorliegende *essential* beleuchtet die mit dem Übergang verbundenen Änderungen und gibt so Orientierung zur Nutzung von DIN EN 81346-2 für das Fachgebiet der Projektierung von Automatisierungsanlagen.

Mit DIN EN 81346-2 wird nun z. B. die in DIN 40719-2 noch existierende Unterscheidung in elektrische sowie nichtelektrische Betriebsmittel überflüssig, jedoch sind die Kennbuchstaben, welche für die im Produktaspekt vorgesehenen Objektklassen zu verwenden sind, durchaus „gewöhnungsbedürftig“. Hinzu kommt, dass bestimmte Betriebsmittel noch nicht eindeutig einem Kennbuchstaben zugeordnet werden können, also Inkonsistenzen bestehen, wie beispielhaft folgender auf die Klassifizierung von Batterien bezogene Hinweis in DIN EN 81346-2 zeigt: Sind Speicherbatterien gemeint, werden sie der Objektklasse „C“

T. Bindel und D. Hofmann, *EMSR-Stellenplan*, essentials,
https://doi.org/10.1007/978-3-658-21732-7_4

zugeordnet – „Als Quelle zur Energieversorgung angesehene Batterien sind der Hauptklasse G zugeordnet." [9]. Daher wird DIN EN 81346-2 zur Zeit überarbeitet. Ein entsprechender Entwurf wurde im August 2017 veröffentlicht und zur Diskussion gestellt.

Was Sie aus diesem *essential* mitnehmen können

- Kenntnisse, Fähigkeiten und Fertigkeiten zu allgemeinem Aufbau und Anwendung von EMSR- bzw PCE-Stellenplänen
- Kenntnisse, Fähigkeiten und Fertigkeiten hinsichtlich Anwendung von Symbolik und Kennzeichnung von in EMSR- bzw. PCE-Stellenplänen dargestellten Betriebsmitteln
- Kenntnisse bezüglich des Übergangs von der Betriebsmittelkennzeichnung nach DIN 40719-2 zur Referenzkennzeichnung nach DIN EN 81346-2

T. Bindel und D. Hofmann, *EMSR-Stellenplan,* essentials,
https://doi.org/10.1007/978-3-658-21732-7

Literatur

1. Bindel, T., & Hofmann, D. (2017). *Projektierung von Automatisierungsanlagen* (3. Aufl.). Wiesbaden: Springer Vieweg.
2. Bindel, T., & Hofmann, D. (2016). *R&I-Fließschema: Übergang von DIN 19227 zu DIN EN 62424*. Wiesbaden: Springer Fachmedien.
3. DIN EN ISO 10628. (2001). *Fließbilder verfahrenstechnischer Anlagen*. Berlin: Beuth.
4. DIN 19227-1. (1993). *Graphische Symbole und Kennbuchstaben für die Prozeßleittechnik: Darstellung von Aufgaben*. Berlin: Beuth.
5. DIN EN 62424. (2014). *Darstellung von Aufgaben der Prozessleittechnik – Fließbilder und Datenaustausch zwischen EDV-Werkzeugen zur Fließbilderstellung und CAE-Systemen*. Berlin: Beuth.
6. VDI/VDE 3694. (2014). *Lastenheft/Pflichtenheft für den Einsatz von Automatisierungssystemen*. Berlin: Beuth.
7. DIN 19227-2. (1993). *Graphische Symbole und Kennbuchstaben für die Prozeßleittechnik: Darstellung von Einzelheiten*. Berlin: Beuth.
8. DIN 40719-2. (1992). *Schaltungsunterlagen: Kennzeichnung von Betriebsmitteln*. Berlin: Beuth.
9. DIN EN 81346-2. (2010). *Industrielle Systeme, Anlagen und Ausrüstungen und Industrieprodukte – Strukturierungsprinzipien und Referenzkennzeichnung – Teil 2: Klassifizierung von Objekten und Kennbuchstaben von Klassen*. Berlin: Beuth.
10. DIN EN 60617-12. (1997). *Graphische Symbole für Schaltpläne – Teil 12: Binäre Elemente*. Berlin: Beuth.
11. DIN ISO 1219. (2012). *Fluidtechnik – Graphische Symbole und Schaltpläne*. Berlin: Beuth.
12. Zickert, G. (2016). *Elektrokonstruktion* (4., aktualisierte Aufl.). München: Fachbuchverlag Leipzig im Carl Hanser Verlag.
13. DIN EN 81346-3. (2013). *Industrielle Systeme, Anlagen und Ausrüstungen und Industrieprodukte – Strukturierungsprinzipien und Referenzkennzeichnung – Teil 3: Anwendungsregeln für ein Referenzkennzeichensystem*. Berlin: Beuth.

T. Bindel und D. Hofmann, *EMSR-Stellenplan*, essentials,
https://doi.org/10.1007/978-3-658-21732-7

Printed in the United States
By Bookmasters